Das Buch

Ein Hotel, spätnachts: Hannes Sprado hat eine einpräg-
same Begegnung – mit Kakerlaken! Plötzlich tauchen sie
auf und rennen quer durchs Zimmer. Als er endlich eine
erwischt, kann er sie selbst mit roher Gewalt nicht außer
Gefecht setzen. Sprado entwickelt immer mehr Respekt
für diese Tiere – Grund genug, sich mit ihnen näher zu
befassen. Denn Kakerlaken sind mit das Widerstands-
fähigste, was die Evolution je hervorgebracht hat. In 350
Millionen Jahren ihres Bestehens haben sie sich weder von
Eiszeiten noch von Meteoriteneinschlägen beeindrucken
lassen. Sie finden Nahrung in allem, was sie umgibt, und
sind die Einzigen, die einen Atomschlag überleben. Die
unterhaltsame Geschichte einer faszinierenden Spezies –
und ein verblüffender Einblick in die Gesetze des Dar-
winismus.

Der Autor

Hannes Sprado, geboren 1956, war Redakteur mehrerer
Tageszeitungen und Zeitschriften. Seit 1994 ist er Heraus-
geber und Chefredakteur der *P.M.*-Zeitschriftengruppe.
Er lebt mit seiner Familie in München und ist Autor
mehrerer Romane.

Hannes Sprado

Verfressen, sauschnell, unkaputtbar.

Das phantastische Leben
der Kakerlaken

Ullstein

Besuchen Sie uns im Internet:
www.ullstein-taschenbuch.de

Das Zitat auf S. 50 stammt aus Franz Kafka: »Die Verwandlung«,
Gesammelte Werke, Bd. 5, S. Fischer, Frankfurt/Main 1950ff.
Das Zitat auf S. 142 stammt aus Gerald E. Kelly: *Die Kakerlaken
und das Heroin: Die Drogen der French Connection*, Gryphon,
München 2003

Originalausgabe im Ullstein Taschenbuch
1. Auflage März 2012
© Ullstein Buchverlage GmbH, Berlin 2012
Umschlaggestaltung: Sabine Wimmer, Berlin
Titelabbildung und Abbildungen im Innenteil: istockphoto
(Googly Eyed Insects Chris3fer)
Gesetzt aus der Berling
Satz: KompetenzCenter, Mönchengladbach
Papier: Pamo Super von Arctic Paper
Mochenwangen GmbH
Druck und Bindearbeiten: CPI – Ebner & Spiegel, Ulm
Printed in Germany
ISBN 978-3-548-37413-0

Inhalt

Vorwort

Dies ist keine Abhandlung mit wissenschaftlichen Fach-
begriffen, wie sie Insektenkundler (auch Entomologen
genannt) einander im Labor zuwerfen und die sonst keiner versteht. Dies ist ein Thriller. Liebe, Hass und Mas-
senmord sind seine Ingredienzien. Die Spurensuche
führt uns rund um den Erdball und von der tiefsten Vergangenheit bis in die fernste Zukunft. Täter und Opfer
zugleich ist eines der schillerndsten Tiere, das die Evolution bislang hervorgebracht hat: die Kakerlake.

Mir ist bekannt, dass die korrekte wissenschaftliche
Bezeichnung für dieses possierliche Tierchen eigentlich
»Schabe« lautet. Da aber kaum jemand von Schaben
spricht, wenn er sie trifft, habe ich mich an den meisten
Stellen für die populärere Bezeichnung entschieden.

Freunde fürs Leben – oder?

Eine prägende Begegnung

Ich nannte sie Paula. Wir lernten uns in einem Hotelzimmer in Manhattan kennen, im 37. Stock, mit Blick auf den Hudson River. Sie kam allein, spätabends, so gegen 23.30 Uhr hörte ich sie. Ein Rascheln drang – ich lag seit fünf Minuten jetlagmüde im Dunkeln – aus einiger Entfernung zu meinem Bett herauf.

Ich knipste das Licht an, um dem seltsamen Geräusch auf die Spur zu kommen. Und da sah ich sie.

Dass mich ihr Anblick vom ersten Moment an begeistert hat, kann ich nicht sagen, denn sie war beinahe so breit wie lang und überdies schmutzigbraun. Ihre Größe schätzte ich auf drei mal drei Zentimeter. In dem winzigen Raum kam sie mir gigantisch vor. Sie wirkte auf dreiste Weise ungehemmt, als gehörte ihr das ganze Zimmer.

Die plötzliche Helligkeit machte ihr Beine. Sie rannte über den knöcheltiefen Teppichboden, dicht an der Fußleiste entlang, überwand mühelos das Kabelgewirr von Fernseher, Minibar und Stehleuchte, quetschte sich unter den Schrank – und war verschwunden.

Paula war die erste Kakerlake, die ich zu sehen bekam. Doch in jener ersten Nacht war ich noch nicht bereit, ohne Weiteres das Zimmer mit ihr zu teilen. Also griff ich nach einem Joggingschuh (Größe 43, grobes Profil), knipste die Nachttischlampe aus, zählte bis sechzig und knipste dann die Deckenlampe an, deren greller Lichtschein schlagartig alles überflutete.

Während der Lampenfinsternis hatte Paula ihr Versteck verlassen und befand sich nun auf halber Strecke zur Tür. Ich sprang vom Bett, stellte sie vor der Mauerritze, die sie ansteuerte – und schlug zu. Dreimal, mit voller Wucht, in schneller Folge.

Sie hatte keine Chance. Davon war ich überzeugt. Tief eingedrückt in den Teppichflor fand sie ihre letzte Ruhe.

Es vergingen drei Sekunden. Dann rappelte sie sich wieder auf, und bevor ich erneut rabiat werden konnte, war sie weg, abgetaucht in ein für mich unsichtbares Loch zwischen Wand und Boden.

Mit angefachtem Interesse wurde mir klar, dass ich zu härteren Waffen greifen musste, um dieses Insekt für immer plattzumachen. In der Schublade des Nachttisches fand ich eine schwere, großformatige Bibel. Diese schien mir das geeignete Instrument zu sein. Kaum kniete ich auf dem Boden, den Folianten in beiden Händen hoch über dem Kopf, streckte Paula ihre Fühler aus dem Versteck und tastete sich vorwärts. Ihre Fühler schwangen hin und her. Die Signale, die sie empfing, müssen vielversprechend gewesen sein, denn im nächsten Augenblick peilte sie die Düsternis unter dem Bett an und schoss los. Ein verhängnisvoller Fehler: Das volle Gewicht der Bibel, geschätzte zwei Kilo, zermalmte sie auf halbem Weg.

Um absolut sicherzugehen, dass es diesmal keine Überlebenden gab, stellte ich mich (geschätzte 70 Kilo) mit beiden Füßen auf das Buch der Bücher und sprang einige Male darauf herum.

Nach allen Regeln der Insektenjagd hätte von der Gejagten mit ihren geschätzten drei Gramm Kampfgewicht nicht mehr übrig sein dürfen als ein schmutzigbrauner Klumpen. Gespannt schaute ich nach – und fand meine Vermutung auf den ersten Blick bestätigt: Toter ging es nicht.

Dann sah ich genauer hin. Tatsächlich: Der Klumpen bewegte sich!

Ich holte tief Luft und hob die Bibel zum finalen Schlag. Doch Paulas Beine hatten den Angriff in allerbester Verfassung überstanden. Blitzschnell krabbelte sie davon, noch ehe ich meine heilige Waffe auf sie niedersausen lassen konnte – zurück in das bewährte Versteck, aus dem sie eben gekommen war. Bevor sie endgültig darin verschwand, hielt sie für einen Sekundenbruchteil inne.

Ich schwöre, sie hat gegrinst.

Daraufhin gelangte ich zu der Überzeugung, dass Paula es verdiente, mit dem Leben davonzukommen. Ich war schließlich in New York. Was sind da schon sechs Nächte mit einer Kakerlake?

Einigermaßen entspannt legte ich mich wieder hin.

Bis ich im Halbschlaf die vertraute Stimme eines Freundes hörte, der seit acht Jahren in Manhattan lebte und nun aus weiter Ferne in mein Ohr flüsterte: »Mit jeder Kakerlake, die du siehst, sind zwanzig andere bereits verschwunden.«

Ich schreckte hoch. Das bedeutete, ich teilte mein Zimmer (geschätzte neun Quadratmeter) mit 60 Gramm Kakerlake.

Biologen sprechen in solchen Fällen von einer stabilen Population.

Als ich am nächsten Morgen aus schweren Träumen erwachte, kam mir Paula wieder in den Sinn – und verschwand von dort auch nicht mehr. Irgendwie hatte sie es verdient, dass ich mich ihr näher widmete. Daher ging ich – die Geschichte trug sich im dunklen Zeitalter vor dem Internet zu – in die Public Library an der 5th Avenue, um mehr über sie und die anderen Zimmergenossen meiner nächsten Tage zu erfahren.

Nachdem ich einer älteren Bibliothekarin erklärt hatte, worum es ging, versorgte sie mich mit Lektüre. Sie hatte pechschwarze Augen und ebensolche Augenbrauen in einem kalkweißen Gesicht. Als sie die Bücher vor mich hinlegte, zog sie besagte Augenbrauen hoch und legte ihre Stirn in krause Falten. Dabei fiel mir auf, dass aus jeder Braue ein überlanges Härchen herausragte. Wie Fühler. Mein Blick fiel auf das Namensschild an ihrem blauen Poloshirt. Die freundliche Dame hieß Paula.

»Es gibt keinen vernünftigen Grund, warum wir uns vor den Viechern fürchten sollten«, eröffnete sie mir.

Sie schien sich nicht im Geringsten über mein absonderliches Interesse zu wundern. »Sie sind klein. Sie sind nicht giftig. Wir können sie jederzeit zerquetschen. Ich meine, was kann Ihnen eine Kakerlake im schlimmsten Fall schon antun?«

Ich sagte, ich hätte keine Angst. Wie sie darauf komme?

Ich nahm die Bücher, suchte mir einen ruhigen Platz, knipste die Tischleuchte an und begann zu lesen. Nach ein paar Stunden emsiger Lektüre war ich über die wichtigsten Basics im Bilde:

Es gibt mehr als 500 000 Arten von Insekten. Millionen Jahre lebten sie allein mit Pflanzen und anderen Tieren auf der Erde. Dann kam der Mensch. Seitdem tobt ein Machtkampf – auch zwischen Mensch und Kakerlake. Und der ist noch lange nicht entschieden.

Weiche Schale, weicher Kern

Anatomie eines Monsters

Ein Hauch von modriger Erde, Lakritz und Mäuseleichen hängt in der Luft wie schweres Parfüm, als Dr. Erik Schmolz im Umweltbundesamt (UBA) in Berlin-Dahlem die chromblitzende Tür zur Kakerlaken-Abteilung aufstößt. Rund um die Uhr surren hier die Klimaanlagen. Brutschränke klappern. Luftbefeuchter zischen. Zusammen erzeugen sie eine konstante Geräuschkulisse und Sumpfhitze aus der Steckdose.

Schmolz ist kein kauziger Spinner, der in groß karierten Hosen und mit Schmetterlingsnetz auf die Pirsch geht, um buchhalterisch langweilige Exemplare exotischer Gattungen aufzuspießen. Mit Jeans, Koteletten und T-Shirt wirkt der Insektenspezialist vielmehr wie ein Student im letzten Semester, was ihn sympathisch macht, ohne seine Kompetenz zu schmälern.

Sein ganzes akademisches Leben hat er Insekten und Ungeziefer gewidmet. Besonders interessieren ihn die Kakerlaken, die in den Wärmekammern seines Labortrakts vom Ei bis zum Oldtimer alle Stadien des Werdens und Seins durchlaufen. Schmolz reibt sich an der betrüblichen Erkenntnis: »Insektenforschung hat keinen glamourösen Ruf. Gehirnchirurgie – das klingt gleich ganz anders.« Beirrt hat ihn dies freilich nie. »Ein wahrer Kakerlakenforscher findet die Tierchen ganz und gar nicht abstoßend, selbst wenn sie Müll fressen – was einige von ihnen wirklich tun.«

»Kakerlakenbunker« heißt diese Dienststelle im Kantinenjargon. Offiziell ist es das Fachgebiet Römisch Vier Arabisch Eins Punkt Vier des UBA, untergebracht in einem Neubau. Den darf nur betreten, wer angemeldet ist. Oder hier arbeitet und sich mit »Gesundheitsschädlingen und ihrer Bekämpfung« beschäftigt.

Hinter den Fenstern färbt das Zwielicht die Welt grau in grau, während die langen Schatten der Morgendämmerung sich wie eine dunkle Flüssigkeit über den Boden erstrecken. Dünnes, geisterhaftes Licht dringt in den Raum und vermischt sich mit dem Grell der Neonröhren, die an der Decke flackern. Und mit einem irrsinnigen Anblick: Unmengen von Kakerlaken hausen zwischen schaschlikartig aufgesteckten Pappdeckeln in durchsichtigen Plastikkisten, die sich auf dem weißgekachelten Fußboden stapeln und die Wandregale füllen. Es müssen Tausende sein, die hier wachsen und gedeihen. Vielleicht abertausende. Jedenfalls elendig viele.

Was da in den Kisten wimmelt und wuselt, krabbelt und knabbert, dient der Forschung. An den ausgebufften Überlebenskünstlern testen Schmolz und seine Kollegin Gabi Schrader Gifte und Techniken, die das Getier ins Jenseits befördern sollen. Mit Akribie werden die Kakerlaken gepäppelt, um beim Sterben stark zu sein. Viel Gemüse und frisches Obst halten sie fit und bei Laune. Ihr Lebenszweck – und zugleich ihr Todesurteil – ist festgehalten im Paragraph 18 des Infektionsschutzgesetzes. Auftraggeber sind Chemieunternehmen aus Deutschland und Europa. Das Umweltbundesamt prüft die Wirksamkeit der Anti-Kakerlaken-Mittel für den Gesundheitsbereich. Sind sie tödlich? Effizient? Und sicher?

»Kakerlaken sind echte Aliens«, sagt Schmolz, »und ein Glücksfall der Evolution.« Geht es um Kakerlaken, passen gröbste Beleidigungen und artige Komplimente offenbar in einen Satz. Ebenso wie Tötungsbereitschaft und größte Hochachtung in einen Menschen: »Denken Sie immer daran«, ermahnt mich Frau Schrader, »wenn Sie eine Kakerlake totschlagen, zerstören Sie ein Wunderwerk der Natur.«

Wie recht sie hat. Die Kakerlake ist eine Kreatur, die mehr Erdgeschichte erlebt hat, als ein Menschenhirn sich vorstellen kann. Es gibt sie schon schwindelerregend lange – und sie ist immer noch bestens im Geschäft. Man könnte sagen, sie wird demnächst 350 Millionen Jahre alt. In der Harvard Universität in den USA liegt ein 300 Millionen alter Bernstein, darin eingeschlossen ein Mega-Urahne des Geburtstagskindes. Von frühester Zeit an ist sie dabei – ein Paradebeispiel unbezwingbaren Überlebenswillens. Und doch blieb sie stets ein trauriger Außenseiter.

Zwischen 3500 und 4000 Arten wurden bislang katalogisiert. Die Kakerlake hatte ja auch reichlich Zeit, diese Vielfalt zu entwickeln. Auf eine genaue Zahl können sich die Forscher nicht einigen, manche schätzen sogar, dass es weitere tausend Arten geben könnte, die noch unentdeckt in den letzten Urwäldern der Erde leben, einige vielleicht so riesenwüchsig wie Feldmäuse.

Der Insektenspezialist George Beccaloni betreut als Kurator im weltweit größten Artenarchiv, dem Natural History Museum, London, die Kakerlakenabteilung. Daneben verwaltet er auch Stab-, Spring- und Heuschrecken, Ohrwürmer, Grillen und Termiten, zusammen etwa eine Million Exemplare, die meisten von ihnen sauber aufgespießt in hölzernen Schaukästen. Beccaloni ist davon überzeugt, dass es 8000 Kakerlakenarten gibt.

Um das Image der Schabe in ein besseres Licht zu rücken, hat er zusammen mit dem deutschen Kakerlaken-Guru Ingo Fritzsche aus Wernigerode die *Cockroach Studies* gegründet, ein zweimonatlich erscheinendes Fachjournal, das zeigen soll, wie interessant, ja aufregend die Tiere sind. Die erste Ausgabe erschien 2006; seither erfreuen sich die *Cockroach Studies* großer Beliebtheit, bei Profis und Amateuren.

In einer frühen Veröffentlichung hat das Blatt drei Rekordhalter unter den scheuen Geschöpfen aufgelistet:

- Die kleinste ihrer Art ist die Nordamerikanische Kakerlake (Attaphila fungicola). Sie wird nur drei Millimeter lang und lebt im Nest der Blattschneiderameise.

- Die schwerste ist die flügellose Australische Rhino-zeros-Kakerlake (Macropanesthia rhinoceros). Sie wiegt bis zu 33,5 Gramm und kann acht Zentimeter groß werden. Mit einer Lebenserwartung von über zehn Jahren gehört sie zu den langlebigsten Insekten; so alt werden sonst nur einige Ameisenköniginnen.
- Die größten Flügel hat die Zentral- und Südamerikanische Kakerlake. Ihre Schwingen erreichen eine Spannweite von bis zu 18,5 Zentimeter. Der Jumbo unter den Kakerlaken wurde erst vor ein paar Jahren auf Borneo entdeckt, einer Insel im Indonesischen Archipel. Zehn Zentimeter kann dieser Bursche lang werden. Nur sein Körper. Die Fühler kommen noch dazu. Zum Glück ist Borneo weit weg. Bis dahin galt eine etwas weniger als zehn Zentimeter lange Kakerlake in Mittelamerika mit dem wissenschaftlichen Namen Megaloblatta blaberoides als größte bekannte Art.

Beherzt greift Schmolz in eine offene Kiste. »Unser Goliath ist die hier«, sagt er, »ein echtes Schätzchen.« Er hält mir ein handtellergroßes Geschöpf vor die Nase, das so bedrohlich aussieht wie Mike Tyson, wenn er seine Beruhigungsmittel nicht genommen hat. Die tückischen kleinen Augen leuchten wie Ofenlöcher; die Schabe zappelt mit den Beinen wie ein auf dem Rücken liegender Goldhamster.

Das Tier gehört an die Leine, denke ich.

»Eine Fauchkakerlake«, jauchzt Schmolz begeistert. »Aus Madagaskar. Ein erstklassiges Exemplar.«

Für mich ein weißer Hirsch auf der Lichtung. Noch nie gesehen.

»Pusten Sie mal!«, sagt Schmolz.

Ich puste, ohne eine Ahnung, warum. Mal gucken, wie sie das findet.

Sie pumpt heftig Luft durch die Atemlöcher. Der mahagonifarbene Rückenpanzer hebt und senkt sich. Dann zischt sie los – laut, sehr laut. So laut wie eine Katze. Ich zucke zurück. Der schrille Ton lässt mich erschauern.

»Darum trägt sie ihren Namen«, erklärt Schmolz.

Alles klar.

»Möchten Sie sie mal anfassen?«

»Och nö.«

Schmolz wirkt etwas enttäuscht, sagt aber nichts und streichelt die dicke fauchende Schabe.

Dafür ergreift Frau Schrader das Wort: »Fauchkakerlaken sind die Pavarottis unter ihresgleichen. Sie beherrschen sechs bis acht Töne, mit denen sie kommunizieren oder Feinde abwehren. Unglaublich alt werden sie – so zwei bis drei Jahre.«

Der Steckbrief macht mir das zischende Ungetüm nicht sympathischer.

Zufrieden mit seiner Inszenierung setzt Schmolz das exzentrische Prachtstück zurück in die heimische Kiste, wo es sich umgehend in den Schutz und die Dunkelheit einer zerknitterten Pappschachtel verkrümelt.

Verglichen mit der Fauchkakerlake ist die Deutsche Kakerlake (Blattela germanica) das Lieschen Müller ihrer Art. Sie wird weder besonders groß noch besonders schwer, und mit nur 1,5 Zentimetern Länge gehört sie zu den Zwergwüchsigen der Branche. Schön ist sie auch nicht.

Außer ihr haben es sich in Zentraleuropa vier weitere Arten bequem gemacht, die synanthrop, also in unmittelbarer Nähe zu uns Menschen leben: die Orientalische Kakerlake (Blatta orientalis), die Braunbandkakerlake (Supella longipalpa), die Amerikanische Kakerlake (Periplaneta americana) sowie die Australische Kakerlake (Periplaneta australasiae).

»Weltweit lebt vielleicht ein Prozent aller Kakerlaken in direkter Gesellschaft des Menschen, mehr nicht«, sagt Schmolz. »Die anderen 99 Prozent leben weit weg von uns, die wollen mit Menschen gar nichts zu tun haben.«

Gabi Schrader öffnet eine weitere Kiste und pflückt zwei schmutzbraune Küchenkakerlaken heraus, lässt sie über ihre Hand krabbeln und betrachtet sie seltsam entrückt.

»Die Stärke der Kakerlake ist das Simple«, sagt sie und sieht den beiden zu, wie sie ihren Unterarm hinauflaufen. »Das hat sie zu einem Erfolgsmodell der Evolution gemacht – obwohl sie ein Wesen ohne Intelligenz ist.«

Doch was ist schon ein hoher IQ gegen einen Körper, der Weltrekorde sprengt?

In den Genen und Konturen des Kakerlakenleibes hat sich die historische Last von Jahrmillionen abgelagert. Alle Gefahren, Epidemien und Krisen ihrer Vorfahren sind in der Datenbibliothek der Schabe gespeichert. Und deren Lösungen.

Ganz gleich aus welcher Perspektive man den Kakerlakenkörper betrachtet: Er ist ekelhaft schön und faszinierend hässlich. Er ist von geschmeidiger Sinnlichkeit. Ein brillant komplexes Gebilde von mustergültigem Design, das es bis heute unversehrt durch alle Zeitalter geschafft hat.

Vereinfacht gesagt, sind Kakerlaken Roboter aus Chemikalien. Sie bestehen bis zu 75 Prozent aus Eiweiß, bis zu 18 Prozent aus Fett und bis zu 16 Prozent aus Kohlehydraten. Die jeweilige 100-Prozent-Mischung hängt von der Art ab.

Den Körper umschließt ein einteiliger primitiver Panzer aus zelluloseverwandtem Polysaccharid (Chitin); er dient von außen zum Schutz vor Staub, Verletzungen und Krankheitserregern, von innen zur Isolation gegen Verdunstung. Selbstproduzierte Öle halten den Panzer wasserdicht. Wie alle Gliederfüßer müssen Kakerlaken ihr Außenskelett (Kutikula) regelmäßig ablegen, um wachsen zu können. Dabei bricht der Rücken auf, und die Kakerlake klettert aus dem Gehäuse. Wenn sie in so einem Moment ihre Schutzhülle verlässt, ist sie angreifbar für ihre Feinde. Also sucht sie sich meist ein geschütztes Fleckchen, um sich dort in Ruhe zu häuten.

Das neue Außenskelett ist weich und weiß. Doch innerhalb weniger Stunden trocknet und härtet die neue Kutikula aus und wird dunkler. Insgesamt durchläuft eine Kakerlake sechs bis sieben Häutungen in ihrem Leben, dann ist sie ausgewachsen.

Besonders verblüffend: Kakerlaken haben zwei Gehirne! Aber kein zentrales Nervensystem. Ein großes Paar Nervenknoten befindet sich im Kopf, ein weiteres Paar sitzt unter dem Schlund. Im Restkörper stecken weitere elf Nervenknoten. Das ganze Nervensystem sieht aus wie eine Strickleiter: Fasern, die im Durchschnitt größer sind als beim Menschen, verbinden die Nervenknoten miteinander zu einem hoch empfindlichen Organismus, der auf Extremsituationen blitzschnell reagieren kann. David George Gordon schreibt in seinem Buch *The Complete Cockroach*, dass die Nerven Achtung-Impulse binnen 0,045 Sekunden an die Beine weiterleiten, die sich sofort in Bewegung setzen – all dies geschieht also in weniger als der Zeit eines Wimpernschlags.

Rund 80 Prozent der nur eine Million Nervenzellen (Zum Vergleich: Der Mensch besitzt annähernd hundert Milliarden.) beschäftigen sich pausenlos damit, Gefahrenmeldungen zu verarbeiten. Die übrigen zwanzig Prozent sorgen im Notfall für einen Alarmstart sondergleichen: Innerhalb von 0,54 Sekunden erreicht eine normalgroße Kakerlake eine Renngeschwindigkeit von bis zu 1,60 Meter pro Sekunde, also 80 Zentimeter in einer halben Sekunde! Das entspricht dem Hundertfachen ihrer Körperlänge. 25 Mal kann sie in einer Sekunde die Richtung ändern – und das tut sie auch. Macht also bis zu 100 Mal in vier Sekunden! Diese atemberaubende Kombination aus Beschleunigung und Richtungswechsel reicht normalerweise, um alle Feinde abzuhängen.

Selbst bei skeptischer Betrachtung sind das fantastische Werte. Auf den Menschen übertragen hieße das an Renngeschwindigkeit 25 Meter pro Sekunde – ein Traum für jeden 100-Meter-Läufer. Den Weltrekord mit 9,58 Sekunden hält seit 2008 der jamaikanische Sprinter Usain Bolt. Das ergibt eine Durchschnittsgeschwindigkeit von gerade mal 10,44 Meter pro Sekunde. Für einen Menschen sensationell schnell, für eine Kakerlake nicht der Rede wert. Sie stünde längst auf dem Siegertreppchen, wenn Bolt über die Ziellinie hechelte.

Diese phänomenale Spitzengeschwindigkeit erreichen Kakerlaken dank ihrer langen Beine, die wie geschaffen sind für einen Rettungssprint. Drei der sechs Beine haben ständig Bodenkontakt und beschleunigen den Körper zeitgleich. Die Beine bestehen aus drei Gliedern, die Knie sind aus Kreuzgelenken zusammengesetzt, die Füße hängen an Kugelgelenken. Ein Scharnier verbindet die Oberschenkel mit dem Körper. Diese Konstruktion macht sie zum berühmtesten Sprinter der Welt und ermöglicht es ihr zugleich, auf einer Euro-Münze zu wenden.

»Auch Menschen können rennen, aber unsere Fähigkeiten sind nichts verglichen mit denen von Insekten«, schreibt der US-Forscher John Schmitt von der Oregon State University im Online-Portal *The Register*. »Eine Kakerlake reagiert schneller als ein Nervenimpuls. Sie denkt nicht übers Rennen nach, sie tut es einfach, ziellos und souverän. Selbst wenn sie ein Hindernis überwinden muss, das dreimal so hoch ist wie ihre Hüfte, verlangsamt sie ihr Tempo um nur 20 Prozent. Sie hebt und senkt ihre Beinchen instinktiv und verzichtet weitgehend auf die Energie und Zeit fressende Kontrolle der Bewegungen.«

Der Berliner Maler Nikolai Makarov hat sich das besondere Beschleunigungstalent der Kakerlaken zunutze gemacht – für sich, seine Freunde und jede Menge Wettfreaks, denen der Nervenkitzel von Lotto, Toto und Pferderennen nicht genug ist. Jedes Jahr Mitte Januar, am russischen Neujahrstag, veranstaltet er in seiner Atelierwohnung in der Chausseestraße 131 die beliebten Kakerlakenrennen, ein Event mit Wodka und Krimsekt, zu dem sich eine fröhliche Schar risikobereiter Tierfreunde einfindet, die ihr Geld auf Olga, Pamir, Iwan, Sputnik, Pionier, Dukat oder Ural setzen. Die Nachnamen werden strikt geheim gehalten.

Angesichts des Medienrummels um den Russen, dessen großformatige New-York-Motive nach eigener Auskunft gut und gerne 30000 Euro kosten, ist es erstaunlich, dass sich der Kakerlaken-Cup lange Zeit im Verborgenen abspielte; zumal er offiziell eine Sponsoring-Veranstaltung für die Sergej-Mawritzki-Stiftung ist, die »das Geistesleben Russlands widerspiegeln und die kulturelle Beziehung zu Deutschland fördern« soll …

Die Idee zu diesen Rennen entlieh Makarov dem Werk *Die Flucht* des russischen Dichters Michail Bulgakow, in dem das schäbige Leben seiner Landsleute im Exil beschrieben wird.

Kakerlakenrennen haben in der russischen Spielkultur eine lange Tradition. In den 20er-Jahren hielten sich russische Emigranten in Konstantinopel (heute Istanbul) mit Kakerlakenderbys über Wasser. Auch in Paris wurde auf die kleinen Flitzer viel Geld verwettet. Und die Matrosen an Bord von Handelsschiffen vertrieben sich im 16. Jahrhundert die Langeweile mit Kakerlakenspielen, wie man den Logbüchern entnehmen kann. Inzwischen hat Makarov ein deutsches Patent auf den uralten Brauch angemeldet – und bekommen. Dem *Tagesspiegel* sagte er: »Kakerlaken und Flüchtlinge werden nur geduldet, wenn ihre Zahl klein ist, dann sind sie sogar Exoten. Treten sie in großen Mengen auf, will sie keiner mehr haben.«

Der Renntisch von Makarovs exotischer Formel K ist eine überdachte Plexiglasplatte mit sieben Laufbahnen auf grünem Filz, mitsamt Reklameflächen. Nur wenige

Zuschauer finden drum herum Platz, weshalb das Rennen auf diverse Monitore in alle Zimmer übertragen wird. Makarovs eigens für diesen Zweck gezüchteten Sprinter – Totenkopf- und Harlekin-Kakerlaken – stammen aus Australien und Südamerika. Sie werden bis zu sechs Gramm schwer und bis zu sieben Zentimeter lang. Unter Blitzlichtgewitter spurten die lichtscheuen Tiere reflexartig los, sobald Makarov zeitgleich alle Starttürchen öffnet.

Der Kakerlaken-Wettkampf hat Makarov zu einem Star in Berlin gemacht; einmal schaffte er es sogar zu *TV Total*. Inzwischen sind Kakerlaken-Wettläufe die Attraktion in vielen Diskotheken, Bars und Bordellen des Landes.

Der Psychologe Robert Zajonc verfolgte mit seinen Kakerlakenrennen in den 60er Jahren allerdings einen anderen Zweck. Er baute in seinem Labor an der University of Michigan ein »Stadion« in Form eines durchsichtigen Plastikwürfels mit einer Kantenlänge von 50 Zentimetern, in dem er weibliche Exemplare der Blatta orientalis auf die Sprintstrecke schickte. Das Besondere an dieser Konstruktion waren die Tribünen. Dort krochen die Zuschauer umher. Kakerlaken. Denn Zajonc wollte herausfinden, ob artgleiches Publikum die Kakerlaken animiert, noch schneller zu laufen. Dutzendfach maß er die Zeit der Tiere, mal mit, mal ohne Artgenossen auf den Rängen. Und tatsächlich: Waren andere Kakerlaken anwesend, verliehen sie den Sprintern offenbar einen zusätzlichen Energieschub. Darin sah Zajonc das Wirken eines Phänomens, das er »Social Facilitation« (Soziale Erleichterung) nannte: »Die Gegenwart von Artgenossen stellt eine Quelle von unspezifischer Erregung dar. Diese kann sich verstärkend auswirken auf die Reaktionen, die in einer bestimmten Situation zu erwarten sind.«

Robert Zajonc macht einen physiologischen Reflex dafür verantwortlich. Ist ein Wesen (Mensch oder Tier) allein, dann kann es sich entspannen. In Gesellschaft hingegen muss es viel aufmerksamer sein, denn es könnte ja passieren, dass es auf deren wie auch immer geartete Handlungen reagieren muss. Und diese Alarmbereitschaft steigert die Leistung. Übertragen auf uns Menschen hieße das, wir laufen vor Publikum zum Beispiel sichtbar schneller zum Bäcker als ohne zuschauende Passanten.

Leider funktioniert das nur bei simplen körperlichen Aufgaben. War die Aufgabe für die Kakerlaken anspruchsvoller, sah die Sache anders aus: Zajonc ließ die Tiere statt durch eine gerade Röhre wie im ersten Versuch durch ein äußerst kompliziertes Labyrinth dem Ziel entgegenlaufen. Erst mit, dann ohne Zuschauer. Das Ergebnis: Ohne Schlachtenbummler schafften sie es deutlich schneller durchs Labyrinth. Für Zajonc ist das der Beweis, dass die Konzentration bei anspruchsvolleren Tätigkeiten unter Publikum leidet. Die zusätzliche Reizüberflutung durch Schlachtenbummler scheint einen stringenten Handlungsablauf zu blockieren.

Für uns würde das bedeuten: Wenn wir auf dem Weg zum Bäcker noch rasch bei Edeka, der Schnellreinigung und der Lottoannahmestelle reinspringen müssten, würden wir die Strecke ohne Zuschauer am Wegesrand schneller zurücklegen als unter den Anfeuerungsrufen der Fans, weil diese Aufgabenreihe komplizierter ist, als auf direktem Weg zum Bäcker zu gehen.

Wissenschaftler an der Oregon State University in den USA haben versucht, dem Geschwindigkeitsgeheimnis der Kakerlaken auf die Spur zu kommen. Dabei fiel ihnen auf, dass die Tiere Energie in ihren Beinen speichern, die sie bei der Fortbewegung nutzen, weshalb ihnen das Rennen besonders leichtfällt.

Nun arbeiten die Forscher im Auftrag der Marine seit Jahren an kleinen Laufrobotern, die eines Tages Landminen aufspüren sollen. Wenn die mechanischen Suchtrupps bei einem Einsatz in die Luft fliegen, ist das keine Tragödie, weil man sie beliebig oft reproduzieren kann. Erste Prototypen sollen in Afghanistan und im Irak bereits erfolgreich getestet worden sein. Die filigrane Technik der Kakerlaken, das reflexartige Zusammenspiel von Muskeln und Scharnieren, dient ihnen dabei als Vorbild. Schnell laufende Roboter müssen allerdings nicht nur die Motorik der Insektenbeine nachahmen, es muss auch eine effiziente und zügige Signalverarbeitung per Computer erfolgen. Denn wie gesagt, Kakerlaken denken nicht über das Laufen nach, sondern rennen einfach los.

Die Ohren der Kakerlaken sitzen – man glaubt es kaum – in den Kniebeugen! Sie sind so sensibel, dass sie das Getrappel anderer Kakerlakenfüße hören. Menschenschritte nehmen die überfeinen Erschütterungsnerven geradezu als Erdbeben wahr.

Die Empfindlichkeit dieses Erschütterungssinns hat der Würzburger Professor Hansjochem Autrum an der Amerikanischen Kakerlake untersucht. Unglaubliches fand er heraus: Das Nervensystem der Tiere reagierte noch auf Schwingungen, die bei einer Frequenz von 1400 Hertz pro Sekunde die Unterlage einer Kakerlake um den zweihundertfünfzigtausendsten Teil eines Tausendstelmillimeters nach unten und oben vibrieren ließen. Anders ausgedrückt: Eine 4000 Kilometer lange Kakerlake würde Erschütterungen von einem Millimeter Amplitude wahrnehmen.

Damit die Schabe nicht nur waagerecht flüchten kann, hat die Natur Kakerlakenfüße mit fünf Gliedern ausgestattet: Vier sind mit Haftplättchen versehen, das fünfte mit zwei Krallen und dem Arolium, einer Art Haftlappen. So ausgerüstet, kommt die Kakerlake selbst spiegelglatte Oberflächen hoch – und zwar fix.

Wohin flüchtende Kakerlaken übrigens traben, damit beschäftigt sich eine wissenschaftliche Spezialdisziplin, die unbemerkt von der Öffentlichkeit diffizile Versuche betreibt: die Kakerlakenfluchtforschung.

Dass die Kakerlaken bei Flucht einem bestimmten Schema folgen, wenn sie sich aus dem Staub machen, fand der italienische Wissenschaftler Paolo Domenici von der Universität Cambridge heraus. Exemplare der als Periplaneta americana bekannten Amerikanischen Großkakerlake dienten ihm als Testobjekte. Mit kurzen Windstößen pustete er die Tiere aus unterschiedlichen Richtungen an, mal stärker, mal schwächer. Jedes Mal schlugen sie einen anderen Weg ein, völlig unvorhersehbar, scheinbar wahl- und ziellos.

Diese Unberechenbarkeit trieb den Wissenschaftler zur Verzweiflung. Im Fachblatt *Current Biology* erschien schließlich eine Kapitulationserklärung: Wie oft er die Kakerlaken auch aufscheuche, wohin diese angesichts der simulierten Gefahr flöhen, ließe sich nicht im Voraus berechnen. Immerhin konnte er einen Etappensieg vermelden, denn der mit den Daten gefütterte Computer spuckte zumindest einige Fluchtmuster aus, die sich wiederholten. »Es handelt sich um vier bevorzugte Bahnen in Winkeln von 90, 120, 150 und 180 Grad.« Nur selten wurden die dazwischen liegenden Winkel angesteuert. Den 120-Grad-Winkel schlugen sie im Vergleich zum 110-Grad-Winkel viermal so häufig ein. Diese scheinbare Willkür bei der Wahl der Route und der ständige Richtungswechsel sind freilich kein Zufall, sondern eine gezielte Entscheidung, um Feinden den Bewegungsverlauf so lange wie möglich zu verheimlichen.

Die kopflose Fluchtstrategie hat allerdings einen so

gravierenden Haken, dass er sich sogar auf die Physiognomie der Kakerlake ausgewirkt hat: Die Schabe kann nicht bremsen! Erst einmal in Fahrt, gibt es kein Halten mehr. Und das hat Folgen. Unterwegs knallt sie gegen jedes Hindernis, das ihr im Weg steht. Sie berappelt sich, rennt schnell weiter, stößt erneut wo an, rennt wieder weiter, bis sie endlich ihr Fluchtversteck erreicht hat und eine Vollbremsung hinlegt, indem sie frontal gegen die Wand (ersatzweise Teppichkante, Fußleiste, Eimer, Schuhe) läuft. Und weil das seit mehr als 350 Millionen Jahren so ist, wuchs der Kakerlakenkopf unter das Brustteil, wo eine Panzerplatte ihn gegen Zusammenstöße aller Art schützt. Der Kopf liegt mittlerweile so tief, dass der Mund zwischen dem vordersten Beinpaar nach hinten zeigt.

Dieser Mund ist übrigens nicht von schlechten Eltern. Mit ihren kräftigen Kauwerkzeugen aus Chitin zermalmt die Kakerlake alles, was sie zuvor als genießbar identifiziert hat. Dabei bewegen sich die Kiefer seitwärts und nicht rauf und runter wie bei uns Menschen.

Aber können Kakerlaken mit diesem Gebiss auch beißen? Sogar uns Menschen? Die Antwort ist so einfach nicht. Normalerweise haben die Schaben keinerlei Interesse an Menschen, und passiert es doch, dann aus Versehen, meistens, wenn wir schlafen und Speisereste vom Abendessen an Mund und Händen kleben. Tut sich eine Schabe daran gütlich, kann durchaus ein Stück unserer Haut in ihren Mund geraten. Dass gerade

Ihnen das widerfährt, ist jedoch so wahrscheinlich wie ein Sechser mit Zusatzzahl bei gleichzeitigem Blitzeinschlag.

Das Okay zum finalen Happs erfolgt stets über Riechtaster, die sogenannten Palpi: zwei Tastkeulchen, die mit 2000 Spezialhaaren besetzt sind, Süßes von Salzigem unterscheiden und vor jedem Nahrungsrisiko warnen. Im Magen wird der Bissen weiterbearbeitet und zu körpereigenen Stoffen umgewandelt. Denn die Kakerlake hat einen Magen, der gewissermaßen kauen kann. Kolonien der Bakterien Blattabacterium cuenoti, welche vor rund 300 Millionen Jahren ein Bündnis mit den Kakerlaken eingegangen sind, machen sich dort zu beiderseitigem Nutzen über den Bissen her. Sicher, auch im Magen des Menschen gibt es Bakterien. Aber nicht in dieser Menge.

Bevor sie gemeinsame Sache machten, waren die Kakerlaken häufig an Stickstoffmangel gestorben, obgleich in ihrem Fettgewebe Stickstoffmoleküle eingebunden sind. Also siedelten sich die Bakterien in den Kakerlaken an: Sie ernähren sich von dem Fett der von der Schabe aufgenommenen Nahrung, lösen daraus den Stickstoff und bieten ihn ihren Wirten an. Als Gegenleistung kommen sie in den Genuss von Schutz und Mobilität.

Mit der Zeit drangen auch Protozoen in den Verdauungstrakt der Kakerlaken ein und ermöglichten es jenen – gewissermaßen als Miete –, Zellulose zu verdauen: Schlucken die Kakerlaken Holz, verwandeln die Protozoen die Splitter des Holzmehls in Nahrung. So ist auch zu erklären, warum einige Kakerlakenarten im Zuge der Evolution zu Termiten mutierten.

Verdaute Essensmoleküle gelangen direkt durch die Wände des Verdauungstrakts in die Körperflüssigkeit. Sie verteilt die Nährstoffe an alle Körpergewebe. Extra Energie wird in den großen weißen Fettkörperchen am Hinterleib (Abdomen) gespeichert.

Häufig sieht man ein weißes Tröpfchen austreten, wenn man eine Kakerlake zertritt – das sind genau diese Fetteinlagerungen. Sie haben im Kakerlakenleben eine außerordentliche Bedeutung, denn sie dienen nicht nur als Energiespeicher, sondern auch dazu, Giftstoffe abzubauen, die über die Nahrung oder die Atmungsorgane in den Körper eingedrungen sind.

Kakerlaken sind Sauberkeitsfanatiker. In ihrem Mund befinden sich jede Menge Reinigungsbürsten, mit denen sie ihre Fühler und Beine äußerst gründlich bearbeiten. Zwischen fünf Sekunden und einer Minute kann das Durchziehen eines einzigen Fühlers dauern. Manche Eltern wären froh, wenn ihre Kinder sich so lange die Zähne putzten.

Die Fühler der Kakerlake sind extrem sensibel. Mikroskopische Öffnungen an den körperlangen Antennen fangen noch spärlichste Geruchsmoleküle ein. Jedes der 130 Segmente ist mit mehreren Rezeptoren (Sensillen) für Temperatur, Bewegung und Geruch ausgestattet. Erst in den 90er Jahren gelang es Wissenschaftlern, diese Sensillen mit Hilfe elektrophysiologischer Verfahren zu dechiffrieren.

Ein weiteres Warnsystem hat die Kakerlake am Ende ihres Körpers: einen dornenartigen Fortsatz, der den Namen Cerci trägt und aus einer Ansammlung von mehr als 200 Nervenhaaren besteht. Jedes Härchen hat eine bestimmte Richtung, in die es ausgelegt werden kann. Das Cerci lässt die Schabe den zartesten Lufthauch wie einen Orkan erleben. Sofort ist sie dann alarmiert, denn sie wertet dies als Indiz für eine ernste Bedrohung.

Braucht das Tier überhaupt Augen, wenn es praktisch ohnehin schon eine einzige Alarmanlage ist? Nun, sie hat jedenfalls welche: nierenförmige Facettenaugen, die ihr eine zugegeben miserable Rundsicht von 360 Grad ermöglichen. Jedes Auge besteht aus rund 2000 Einzelaugen mit achteckigen Linsen. Das Innere des Facettenauges ist mit reflektierenden Kristallen ausgebaut, so dass die Insekten Licht sammeln und damit ihre Sicht im Dunkeln verbessern können. Obwohl die Kakerlake ein sehr schwaches Augenlicht besitzt, ist sie in der Lage, die kleinste Änderung der Lichtintensität auszumachen. Somit kann sie ihre Feinde umgehen, wenn sie deren Schatten wahrnimmt. Besonders gut – oder besser: weniger trübe – sehen sie übrigens auf den kürzeren, heller wahrgenommenen Wellenlängen der Farben Grün, Blau und dem für Menschen unsichtbaren Ultraviolett. Bei rotem Licht sehen Kakerlaken überhaupt nichts.

Eine Stubenfliege bringt es zwar auf 5000 Einzel-augen (eine Libelle sogar auf 20000), weshalb sie ein fein gerastertes Bild von den Lebewesen und den Din-gen um sich herum erhält. Doch was nützt der Fliege diese Sonderausstattung? Sie wird trotzdem an die Wand geklatscht – was der Kakerlake in ihrer langen Genese nicht entgangen sein dürfte.

Zur Grundausstattung der Kakerlake gehören außer-dem eine Stinkdrüse am Hinterleib, mit der sie Feinde vertreibt oder zumindest auf Abstand hält, und natürlich das Herz. Dieses pumpt farbloses Blut durch ein offenes System ohne Adern und ohne Venen. Die Flüssigkeit, an-gereichert mit Nährstoffen aus der Verdauung, umspült und versorgt die inneren Organe und transportiert auf diesem Weg die überflüssigen Abfallstoffe zum Darm. Der Sauerstoff gelangt insektengemäß über Tracheen direkt in den Organismus, also nicht über das Blut. Insge-samt ein simpler, aber hocheffizienter Mechanismus.

Einige der mit den Menschen vergesellschafteten Ka-kerlakenarten verfügen über ein Paar Flügel, was aber noch lange nicht bedeutet, dass sie auch fliegen kön-nen. Ihre degenerierten Stummel taugen allenfalls für eine Showeinlage. Das gilt zumindest für die meisten der in unseren Breiten lebenden Exemplare. Eine der wenigen Ausnahmen ist die Amerikanische Kakerlake: Sowohl die Männchen als auch die Weibchen können tatsächlich fliegen, zumindest Kurzstrecken.

Jeder Flügel wird von jeweils zwei Muskeln bedient, die am Ende der Schwingen sitzen. Diese Anordnung ist sehr primitiv und weit weniger effizient, als es etwa die Flugmuskeln von Bienen und Libellen sind, den Luftakrobaten unter den Insekten. Libellen erreichen eine Spitzengeschwindigkeit von fünfzig Stundenkilometern, können in der Luft stehen und sogar rückwärts fliegen.

Etwas anders als bei den in unseren Breitengraden vorkommenden Kurzflugartisten verhält es sich mit der Flugfähigkeit der Kakerlaken-Verwandtschaft im Dschungel: Mit oft beträchtlicher Spannbreite segelt sie durch den Blätterwald und legt dabei Distanzen von mehreren Metern zurück, ehe sie einen geeigneten Landeplatz erreicht, der Futter verspricht – oder Sex …

Ja, auch den gibt es zwischen den Schaben. Wie beinahe alle Insekten verständigen sich auch Kakerlaken mit chemischen Duftstoffen (Pheromonen), die auf das andere Geschlecht unwiderstehlich wirken. Lust und Begierde? Fehlanzeige – chemische Impulse steuern das Paarungsverhalten. Die Pheromone der geilen Kriecher gehören allerdings zu den kompliziertesten überhaupt. Sie werden nicht nur von den Weibchen produziert, sondern auch die Männchen versprühen so ihren Charme. Zu diesem Zweck hat die Natur sie mit einer Drüse ausgestattet; sie befindet sich am Ende des Rückens und produziert das Aphrodisiakum Seducin (lateinisch »seducere«: »verführen«). Die Weibchen lecken es vom Körper der Männchen und erhalten dadurch den ultimativen Kick. Ohne Duftanreiz würden sie auf Sex verzichten und das Weite suchen.

Um dabei keine Feinde anzulocken, arbeiten sie mit Minimaldosen von so geringer Konzentration, dass niemand sonst die Duftstoffe wahrnehmen kann. Bereits nach zwei Zentimetern befindet sich die weibliche Kakerlake außerhalb des Geruchskreises eines willigen Männchens, so dass es grußlos an ihr vorbeispaziert. Das Männchen verliert ihre Spur und damit jegliches Interesse. Zumindest an dieser einen.

Prinzipiell gehen Kakerlaken dem Menschen zwar aus dem Weg. Dennoch kann man bei ihren männlichen Vertretern durchaus ein Faible für Menschenfrauen beobachten. Gelegentlich reagieren sie tatsächlich auf die Hormone dieser ganz andersartigen Weibchen und versammeln sich in deren Schuhen, um dem Subjekt ihrer Begierde nahe zu sein. (Wie man hört, machen sie dabei keinen Unterschied zwischen den Schuhen von Jimmy Choo und Deichmann.)

Die Amerikanische Kakerlake wittert einen Duft übrigens schon, sobald davon 500 bis 1000 Moleküle pro Milliliter Luft in ihre Geruchsorgane gelangen. Ein Mensch müsste mindestens 100 Millionen Moleküle pro Milliliter Luft erschnüffeln, bis er überhaupt etwas riecht.

Die Sexuallockstoffe sind wie eine Einladung zur Party und von größter Bedeutung im Kakerlakenkosmos. Oberstes Ziel ist die Maximierung und Kontinuität der Massenproduktion an Nachkommen.

In Anbetracht des Panzers ist der Liebesakt der Kakerlaken allerdings denkbar mühevoll. Und so sehen die Begattungsversuche eher aus wie Sex unter Robotern: Mechanisch, aber mit ausgefeilten Techniken versuchen Männchen wie Weibchen, zum Ziel zu kommen.

An der Universität von Puerto Rico waren Entomologen Zeugen, wie es die Fauchkakerlake (meine Bekannte vom Umweltbundesamt) so treibt. Monatelang spionierten sie mehrere Pärchen aus. Es beginnt damit, dass sie einander wechselseitig an den Antennen berühren. In diesem Stadium sind die Weibchen deutlich aktiver als die Männchen. Die lassen erst später ihre Anmut spielen, umrunden zischend die Kakerlake ihres Herzens, recken ihr Hinterteil hoch und präsentieren das Geschlechtsteil, das aussieht wie ein ausgeklapptes Schweizer Messer: eine Batterie von Griffeln und Haken, entworfen, um sich im rechten Moment in die richtige Position zu manövrieren. Das Signal zum Vollzug ist das besagte männliche Aphrodisiakum. Das Weibchen streicht dann mit seinem Hinterleib über den Rücken des Männchens, dessen Zischen jetzt in ein stoßweises Fauchen übergeht und bei seiner Partnerin eine Duldungsstarre auslöst. Nun hat der Mann Zeit und Muße, seine diversen Griffel und Haken in ihrer Geschlechtsöffnung unterzubringen.

Bei anderen Arten sondern die Männer auf dem Rücken der Auserwählten einen schmackhaften Brei ab – das erwähnte Seducin –, der das Weibchen zum Auflecken verführt. Wenn es zum Naschen hinaufsteigt, sitzt es fast automatisch in der richtigen Position für die Vereinigung. Sind beide Hinterteile miteinander verbunden, drehen sich die Kakerlaken voneinander weg, so dass sie mit abgewandten Köpfen in einer geraden Linie hocken, stehen oder sitzen. Das Sperma kann nun in Ruhe den Besitzer wechseln.

Bei der Ostafrikanischen Hummerkakerlake ist Sex eine Frage der Hierarchie, schließlich leben die Männchen der Nauphoeta cinerea in einer Zweiklassengesellschaft. Es gibt ranghöhere und rangniedrigere Männchen. Äußerlich unterscheiden sie sich nicht voneinander. Wie dominant ein Männchen ist, hängt stattdessen vom Duft-Cocktail ab, den es vorströmt. Denn im Vergleich zum Weibchen produzieren die Männchen drei Pheromone, die den Unterschied machen. Wichtig ist die Zusammensetzung dieses Cocktails: Überwiegen zwei bestimmte Geruchsstoffe, gehört das Männchen deutlich erkennbar zur aggressiven Elite und kann ungehindert zur Reproduktion schreiten. Ist das dritte Pheromon besser ausgeprägt, hat das Männchen nicht viel zu melden – und auch nichts zu lachen. Eingehüllt in ihr Überlegenheitsparfüm, stürzen sich die ranghohen Männchen immer wieder auf die schwächeren Exemplare ihres Geschlechts, die sich zwar mutig in Stellung zu bringen versuchen, aber dann so lange gestoßen und gebissen werden, bis sie entnervt das Weite suchen.

Dabei würden die Weibchen lieber mit den Schwächlingen sexeln, heißt es im US-Magazin *Nature*. Nicht etwa aus Mitleid, sondern aus reinem Selbstzweck:

Beim Liebesspiel mit den Macho-Kakerlaken befürchten sie Verletzungen, weswegen sie die Vertreter der Unterschicht vorzögen. Doch das lassen die aufmerksamen Alpha-Tiere nur selten zu. Der soziale Status vererbt sich übrigens immer auf die nächste Generation – den bedauernswerten Loser-Schaben ist keinerlei Aufstiegschance beschieden.

Für den Fall, dass gerade kein Männchen verfügbar ist, haben die Weibchen mancher Arten eine Alternative zur Paarung entwickelt, die vielleicht weniger Spaß macht, aber äußerst zweckmäßig erscheint: die Jungfrauenzeugung. Ja, die gibt's, nicht nur in der Bibel! Und das ist – aufgepasst, Frau Schwarzer! – noch nicht alles: Die Südamerikanische Gewächshauskakerlaken (Pycnoscelus surinamensis) sind ausschließlich weiblich und klonen sich, um sich fortzupflanzen. Kein Mann im Spiel, sie können es ganz alleine …

Michael Rust, Entomologe an der University of California, ist überzeugt, dass ihre hohe Reproduktionsrate und kurze Lebensspanne (fast life cycle) den Kakerlaken dabei geholfen haben, sich über die Jahrmillionen zu retten. Dank ihres perfekten Systems der Fortpflanzung werden sie immer viele bleiben. Unübersehbar viele. Mag die Masse auch nicht in jedem Fall den Einzelnen schützen, so sichert sie doch das Überleben und die Weiterentwicklung ihrer Art – was der einzelnen Schabe allerdings herzlich egal ist.

Eins aber steht fest: Kakerlaken sind niemals einsam. Sie leben in Gruppen, und diese Gruppen wachsen schnell. Das ist für mich und vermutlich auch für Sie die erste schlechte Nachricht. Und hier kommt schon die nächste: Je größer die Gruppe ist, desto schneller wird sie wachsen. Denn mit der Gruppengröße nimmt auch die Geschwindigkeit zu, mit der eine weibliche Kakerlake geschlechtsreif wird. Und doch ist es häufig das einzelne Tier, das für Kontinuität im Generationenprinzip sorgt, denn in den Populationen leben stets einige Mutanten, die über andere Enzyme verfügen als ihre Artgenossen. Das hat den Vorteil, dass bestimmte Insektengifte bei den Mutanten nicht wirken. Der Nachteil besteht darin, dass sie oft einen weniger effizienten Stoffwechsel haben, was ihre Fortpflanzung vermutlich beeinträchtigen würde. Wird nun aber Insektengift eingesetzt, sterben ihre Brüder und Schwestern elendig, während die Mutanten bloß auf den Rücken fallen und dort ein Weilchen verharren. Haben sie sich dann wieder berappelt, gründen sie fröhlich eine neue, nunmehr giftresistente Population.

Nach der Befruchtung – wie auch immer sie stattgefunden hat – verpacken Kakerlaken ihre Eier in sogenannten Ootheken. Das sind braune Pakete am Hinterleib. Die fingernagelgroße Deutsche Kakerlake packt in ihrem Leben rund acht solcher Eipakete, wovon jedes bis zu fünfzig Babys enthält. Man muss nicht Adam Riese sein, um auszurechnen, dass sie somit samt den Nachkommen der Nachkommen der Nachkommen und deren Geschwistern ein paar Millionen Nachkommen zeugen kann. Die Deutsche Kakerlake hat hierzulande die ausländische Konkurrenz verdrängt, weil sie mehr Eier verbreitet und eine kürzere Entwicklungszeit hat als alle anderen ihrer Art.

Etwa vier Wochen lang transportiert das Weibchen die Eier am Hinterleib durch die Gegend, wo immer es ist, was immer es tut. Dann wirft es den Sack ab und verabschiedet sich von seiner Nachkommenschaft, die ungefähr 17 Tage später schlüpft. »Nymphen« heißen die Neugeborenen – ein lieblicher Begriff für die leider wenig ansehnlichen Babys.

Bis die Brut ausgewachsen ist, vergehen zwischen 38 und 63 Tagen, wobei die Nymphen fünf bis sieben Häutungen durchlaufen. Da sie ihre Hülle jeweils anschließend fressen, gehen dabei weder Chitin noch Proteine verloren. Schließlich ist die neue Weibchen-Generation geschlechtsreif und legt wieder los – und jede Menge Eier. Dies alle drei bis vier Wochen. Fünf Monate lang. Eine kakerlaktische Permanentorgie.

Gelegentlich büßen die Tiere in der Anfangsphase ihres Daseins ein Bein ein, aber das wächst flugs wieder nach, etwa so, wie ein Zahn beim Hai, nachdem er einen verloren hat. Das Leben einer Kakerlake ist nämlich viel zu kurz, um auf Dauer ohne das sechste Bein auszukommen, und mit nur fünf Beinen wäre es sicher noch kürzer: Immerhin fehlten ihr dann rund sechzehn Prozent des Antriebs, so dass sie in Krisenmomenten keinen Kaltstart mehr hinlegen könnte.

Kakerlaken regenerieren ihre Beine innerhalb eines Häutungszyklus': Wenn die Schabe ein Bein verliert, wird es bei der folgenden Häutung neu nachgebildet. Wie lange das dauert, hängt vom Zeitkorridor zwischen den Häutungen ab. Die Deutsche Kakerlake wird bei guten Bedingungen nach rund 60 Tagen erwachsen und durchläuft dabei sechs Häutungen. Nach zehn Tagen wäre also ein abhandengekommenes Bein vollständig wieder nachgewachsen. Erwachsene Tiere häuten sich nicht mehr, könnten also auch keine Ersatzbeine produzieren.

Einige Schaben stellen ihr Eipaket einfach ab, sobald es fertig ist; manche zementieren es an einen Zweig oder ein Stück Borke; andere wiederum bedecken es mit Abfällen. Da die kleinen Brutpakete aber äußerst verwundbar sind – feindliche Insekten würden sie mit Wonne verspeisen –, behalten manche Arten ihre Pakete äußerst lange bei sich. Im pazifischen Raum entdeckte der Forscher Coby Schal sogar eine Kakerlaken-Sippe (Diploptera punctata), die ihre Jungen im Uterus nährt. Sobald sich der Verdauungstrakt der Embryonen entwickelt hat, quillt aus besonderen Drüsen am Saum der mütterlichen Brusttasche eine Flüssigkeit, die reich an Proteinen, Fett und Kohlehydraten ist – ein Nährtrank, der sich mit der Muttermilch von Säugetieren vergleichen lässt.

Sehen wir uns die Nachwuchspflege einiger Gattungen, die bei uns Deutschen leben, mal im Detail an (ein paar Exoten sind auch darunter):

- Die Orientalische Kakerlake, ungefähr einen Zentimeter größer als ihr deutscher Namensvetter (die

Weibchen werden bis zu 2,8 Zentimeter groß), legt nach einer Tragezeit von maximal fünf Tagen lediglich rund 16 Eier, aus denen erst nach zwei bis drei Monaten die Jungtiere schlüpfen. Die anschließende Lebenserwartung der Orientalischen Kakerlake beträgt zehn Monate.

- Die Amerikanische Kakerlake bringt es auf eine Größe von bis zu 3,5 Zentimeter. Sie trägt ihre Eipakete mit fünfzehn bis zwanzig Eiern ungefähr sechs Tage lang und wirft sie dann ab. Nach ein bis zwei Monaten schlüpfen die Larven, die dann noch einmal mindestens fünf Monate brauchen, um sich zu ausgewachsenen Kakerlaken zu entwickeln.

- Bei der südpazifischen Perisphaerus-Gattung klammert sich der Nachwuchs an den Bauch der Mutter. Die anfangs noch augenlosen Jungen schieben kleine Rüssel zwischen die harten Hautplatten ihrer Mutter, um Nahrung abzusaugen.

- Die Kubanische Wühlkakerlake schützt ihre Kleinen so lange unter ihrem Körper, bis deren Hautpanzer hart geworden sind.

- Auch unsere alte Bekannte, die Fauchkakerlake, schleppt die Eipakete mit sich herum, bis die Jungen geschlüpft sind.

Die Brutpflege teilen einige Arten zwischen den Geschlechtern auf. So stürzt sich der Gatte einer costa-ricanischen Familie zum Beispiel mit Vorliebe auf Vogelkot, um daraus kostbaren Stickstoff zu extrahieren, mit dem er dann seine Liebste füttert, die den Stickstoff wiederum zur Bildung der Oothek verwendet.

Lehrreich ist auch, dass Kakerlaken bei aller Promiskuität durchaus einen Sinn für Treue und Fürsorge entwickeln und als liebevolle Eltern auftreten können. Dieses Sozialverhalten ist vor allem beim Modell Cryptocercus in Zentralamerika zu beobachten: Männchen und Weibchen dieser Holzkakerlake schließen einen Ehebund für etwa drei Jahre; so lange dauert es nämlich, bis sie ihre Brut zu ausgewachsenen Mitgliedern ihrer Art hochgepäppelt haben. Zehn bis fünfzig Familienmitglieder leben in einem Gängegewirr in der Rinde tropischer Bäume. Eltern und Geschwister erkennen einander am Duft der Nährflüssigkeit, die von einer Drüse auf der Innenseite der mütterlichen Bruttaschen an die Heranwachsenden und indirekt auch an den Vater abgegeben wird. Sie streicheln sich mit zärtlicher Hingabe und putzen sich gegenseitig mit ihren Fühlern.

Holzkakerlaken und Termiten teilen mehrere Merkmale: In ihrem Darm leben die gleichen einzelligen Lebewesen, die ihnen beim Verdauen von Holz helfen. Da aber Holzkakerlaken wie Termiten diese wichtigen symbiontischen Einzeller bei jeder Häutung verlieren, müssen die Symbionten wieder aufgenommen werden, vorzugsweise, indem die Tiere den Kot ihrer Verwandten fressen. Aus diesem Grund führen Termiten und Holzkakerlaken ein soziales Leben. Letztere allerdings in deutlich geringerem Maße; denn Termiten – auch Weiße Ameisen genannt – bilden sogar komplizierte

Staatengemeinschaften. Aufgrund ihrer sozialen Lebensweise und ihrer enormen Empfindlichkeit gegenüber Temperatur- und Feuchtigkeitsschwankungen schafften es nur wenige Termitenarten, sich über den Erdball auszubreiten. (Gleichwohl ist es einigen gelungen, von Afrika aus über Amerika die Kurve nach Europa zu kriegen.)

Verwandt ist die Kakerlake außerdem mit der Gottesanbeterin (Fangschrecke), die ihren Namen der seltsamen Gebetshaltung ihrer Greifwerkzeuge verdankt. Fangschrecken haben sich zu hoch spezialisierten, tagesaktiven Jägern weiterentwickelt. Sie leben nur in der freien Natur, vor allem in den Wäldern und Savannen der Tropen und Subtropen; aber auch in einigen Ländern Europas sind sie inzwischen heimisch. Nur ganz selten dringen sie in die Lebensräume des Menschen vor.

Britische Forscher haben die Erbsubstanz von 107 Fangschrecken, Kakerlaken- und Termitenarten untersucht. Demnach stehen Termiten und Holzkakerlaken einander so nahe, dass die Wissenschaftler vorschlugen, Termiten nicht mehr wie bisher als eigene biologische Ordnung zu führen, sondern als Staaten bildende Kakerlaken zu betrachten. Die Experten gehen davon aus, dass sich die sozialen Termiten aus den unsozialen Schaben entwickelt haben. (Eine Anpassung der Lebensform ist auch bei anderen Insekten zu beobachten. Aus früher einzelgängerischen Raubwespen etwa haben sich die in Völkern lebenden Ameisen, Bienen und Wespen entwickelt.)

Mensch und Schabe

Eine Beziehung voller Missverständnisse

Überall auf der Welt gehen Tierschützer gegen Laborversuche an Affen, Ratten und Kaninchen auf die Barrikaden. Doch um die Kakerlake, die zu Abertausenden für wissenschaftliche Tests gemeuchelt wird, kümmert sich kein Mensch. Stattdessen wurde sie sogar als Feindbild missbraucht: Russen bezeichneten sie als Preuße, Preußen sagten Schwabe zu ihr, und für die Schwaben war sie ein Franzose. Längst sind die Animositäten dieser Menschengruppen beigelegt, die Kämpfe beendet.

Aber damit nicht genug: In der Reality-Show *Dschungelcamp*, die ungefähr so spannend ist wie eine Strip-Show für Blinde, mussten die Tiere mit zehn mehr oder weniger populären Gestalten aus Film, Funk und Fernsehen in einer muffigen Senke im australischen Urwald hausen. Tagelang. Als Dschungelprüfung krabbelte unter anderem eine Ladung Kakerlaken über den halbnackten Körper der Münchner Nachtschwärmerin Giulia Siegel, was diese ekelte und die Zuschauer begeisterte. Bevor die Produzenten die Tiere im RTL-Abendprogramm auf Frau Siegel losließen, wurden sie in Quarantäne gezüchtet, damit sie nicht versehentlich Krankheiten übertrugen.

Geschmäht. Verabscheut. Verfolgt. Getötet. Verhasste Krabbeltiere, bestenfalls geduldet zur Belustigung bildungsferner Fernsehzuschauer. Wir gehen mit den armen Schaben nicht gerade fair um.

Wirbeltiere erfahren hingegen größte Aufmerksamkeit und Zuneigung; sie werden gestreichelt, gepäppelt, ja, sogar geküsst. Dabei machen sie gerade einmal 0,3 Prozent der Gesamtfauna aus, während es die Insekten – alle Arten zusammengenommen – auf über 50 Prozent bringen.

Das Meinungsforschungsinstitut Marplan fragte in den 80er Jahren die Deutschen: »Vor welchen Tieren ekeln Sie sich am meisten?« Das Resultat: Küchenkakerlaken belegten mit 33,2 Prozent den zweiten Platz, übertroffen nur von den Ratten mit 40,1 Prozent. Damit lagen die Schaben im Ranking noch vor Schlangen (24,7 Prozent), Quallen (21,4 Prozent), Schmeißfliegen (19,7 Prozent), Mäusen (18,8 Prozent), Würmern (18,1 Prozent), Silberfischen (14,8 Prozent) und Ohrenkneifern (13,1 Prozent). Im Jahr 2011 stellte das P.M. Magazin die gleiche Frage. Diesmal sah das Ekel-Ranking anders aus: Die Kakerlake (51,9 Prozent) hatte die Ratte vom Spitzenplatz verdrängt; diese rutschte mit 49 Prozent ab auf den zweiten Platz und landete knapp vor den Spinnen (48 Prozent). Es folgten mit jeweils 44 Prozent Würmer und Maden, dann die Schlangen (35 Prozent).

Aber warum ekeln wir uns eigentlich vor den harmlosen Schaben? Was hat es mit diesem Gefühl überhaupt auf sich?

Ekel ist ein mächtiges Gefühl. Es zählt zu den Basisemotionen des Menschen und kann Vorurteile auslösen und verstärken. Forscher wie Paul Rozin und Jonathan Haidt von der University of Virginia glauben, das Ekelgefühl habe sich ursprünglich zum Schutz des Mundes entwickelt, weil er über die wichtigste Grenze des Körpers zur Außenwelt wacht.

Wir trinken zum Beispiel ungern Bier, in das wir aus Versehen selber gespuckt haben, obwohl der Speichel doch nur in den Körper zurückkehren würde, in dem er gerade noch war und wo er von uns zuvor keineswegs als eklig empfunden wurde.

Im Laufe der Evolution wurde der Ekel somit zum Hüter des Körpers, mehr und mehr Aufgaben wurden ihm zugedacht. Mangelnde Hygiene sah man als ekelhaft an, ebenso den Austausch von Körperflüssigkeiten bei unerlaubten Sexpraktiken. Ekel avancierte schließlich zu einer moralischen Instanz, die sich gegen Menschen und ihre Verhaltensweisen richtete.

Joshua Tybur von der University of New Mexiko ist davon überzeugt, dass alle Formen des Ekels uns helfen, am Leben zu bleiben und die eigenen Gene weiterzugeben. Das zeige sich am deutlichsten bei Ekelauslösern wie verfaulter Nahrung, Kot, Erbrochenem, Blut und Leichen: allesamt Träger von gefährlichen Keimen, die uns töten können.

Auch Franz Kafka lieferte mit seiner Erzählung *Die Verwandlung* eine verschlüsselte Darstellung von der Macht der vermeintlich ekligen Kakerlake (manche Literaturwissenschaftler sprechen allerdings auch von einem Käfer) über die Psyche des Menschen. So lauten die ersten beiden Sätze: »Als Gregor Samsa eines Morgens aus unruhigen Träumen erwachte, fand er sich in seinem Bett zu einem ungeheuren Ungeziefer verwandelt. Er lag auf einem panzerartig harten Rücken und sah, wenn er den Kopf ein wenig hob, seinen gewölbten, braunen, von bogenförmigen Versteifungen geteilten Bauch, auf dessen Höhe sich die Bettdecke, zum gänzlichen Niedergleiten bereit, kaum noch halten konnte.« Er ekelt sich vor sich selbst, und auch bei seiner Familie überwiegt der Abscheu ihm gegenüber schnell die verwandtschaftliche Liebe.

Offenbar spielt Ekel bei vielen Phobien eine bedeutende Rolle. Die Angst vor Insekten, also auch vor Kakerlaken, heißt übrigens Entomophobie. Fast alle Menschen leiden in ihrer Kindheit darunter, bei drei Prozent besteht diese Abneigung bis ins hohe Alter. Auf dem Planeten Erde haben es Entomophoben allerdings ziemlich schwer, denn es gibt kaum einen Winkel, wo sich keine Insekten herumtreiben. Rund 800 000 Insektenarten sind bekannt, und mindestens weitere zwei Millionen existierten noch namenlos dahin, heißt es. Ungefähr 19 Trillionen Insekten bevölkern unsere Welt, hat die *Süddeutsche Zeitung* 2006 ausgerechnet. Da fällt kaum ins Gewicht, ob es womöglich eine Billion mehr oder weniger sind. Zusammen sollen sie 2,7 Milliarden Tonnen wiegen – die gesamte Menschheit bringt höchstens ein Sechstel davon auf die Waage. (Welche Formel diesem Modell zugrunde liegt, hat die *SZ* freilich nicht mitgeteilt.)

Menschen, die unter einer Insektenphobie leiden, haben meistens gute Freunde, die sie anrufen können, wenn ein Insekt sich in ihre Wohnung verirrt, auf dass diese herbeieilen, um es zu entsorgen. Denn selber Hand anlegen würde ein Entomophobe nie. Er macht um alles, was auch nur annähernd wie ein Insekt aussieht, einen großen Bogen.

Warum aber sollten wir Menschen Angst vor Kakerlaken haben? Bei fast allen tödlichen Begegnungen zwischen Kakerlake und Mensch hat die Kakerlake verloren. Trotzdem schreien viele Menschen – übrigens deutlich mehr Frauen als Männer – schon auf, wenn sie nur das Bild einer Kakerlake in einer Zeitschrift sehen. Komischerweise fällt aber niemandem das Heft bei wirklich gefährlichen Tieren wie Elefant, Stachelrochen oder Flusspferd vor Schreck aus der Hand. Dabei rangieren Flusspferde unter den Menschenmördern laut Statistik auf dem ersten Platz.

Woher kommt diese Abneigung gegen die wieselflinken Kulturfolger, die uns an den Hacken hängen, seit wir uns aus Afrika aufgemacht haben, den Erdball zu erobern? Wahrscheinlich, weil wir schon früh ahnten, was wir heute wissen: dass nämlich manche Arten gefährliche Krankheiten übertragen können. Vermutlich

rührt der Widerwille aber auch daher, dass die Kakerlake uns Menschen so ähnlich ist. Denn uns eint mehr,
als uns Menschen vielleicht lieb ist:

- Wir sind beide Allesfresser.
- Wir reisen beide gern.
- Wir suchen beide die Nähe von Kumpels.
- Wir haben es beide gern warm und bequem.
- Wir stolpern beide mit fortschreitendem Alter unbe-
  holfen durch die Gegend.

Denn in der Tat: Kakerlaken werden im Alter fußlahm
und tatterig. Das bestätigten Versuche, die Angela Ridgel
von der Case Western Reserve University in Cleveland
(Ohio) durchgeführt hat. Die Biologin setzte alternde
Küchenkakerlaken der Art Blaberus discoidalis auf ein
Mini-Laufband und stellte fest: Im biblischen Alter von
sechzig Tagen machten die Schaben nur noch halb so viele Schritte wie einst im Mai als einwöchige junge Hüpfer.
Alle paar Schritte traten sich die Senioren auf die eigenen Füße, und nur noch knapp die Hälfte schaffte es,
eine 45-prozentige Steigung hinaufzukommen.

Was uns Menschen außerdem mit den Schaben
eint: Kakerlaken haben ein Bewusstsein! Das glaubt
zumindest Alun Anderson, Wissenschaftler und lang-
jähriger Chefredakteur des angesehenen britischen
Wissenschaftsmagazins New Scientist. Dass eine
Kuh Schmerz empfindet, wissen wir inzwischen.

Allerdings ist die Schlussfolgerung, sie wisse auch, dass es Schmerz ist, was sie empfindet, umstritten. Immerhin scheinen im Laufe der Zeit mehr und mehr Lebewesen in den erlauchten Kreis Schmerz empfindender, denkender und Bewusstsein tragender Individuen eingezogen zu sein. Anderson zweifelt nicht daran, dass Kakerlaken dazugehören und sich ihrer selbst bewusst sind. In einem Beitrag für das Online-Portal *Edge: The world question center* schrieb der Insektenforscher in der Serie *Was halten Sie für wahr, ohne es beweisen zu können?*: »Es mag ein wenig reizvoller Gedanke sein für irgendjemanden, der mitten in der Nacht das Küchenlicht einschaltet und gerade noch sieht, wie eine Kakerlakenfamilie Deckung sucht. Doch ich bin davon überzeugt, dass sogar sehr einfache Tiere sich ihrer selbst bewusst sind, darunter auch attraktivere wie Bienen und Schmetterlinge. Zwar kann ich das nicht beweisen, meine aber, dass es im Grunde eines Tages beweisbar sein müsste. Ich meine gewiss nicht, dass sie im gleichen Sinne bewusst wären wie Menschen – dann wäre die Welt langweilig –, sondern nur, dass es in der Welt von einander überlappenden fremdartigen Bewusstseinsformen wimmelt.«

Dass Kakerlaken selbstbewusst sind oder über sich selbst nachdenken, so weit will Anderson also nicht gehen; doch dass sie über das Empfinden verfügen, die Welt zu sehen und zu spüren, hält er durchaus für denkbar.

Damit geht er auf Distanz zu jenen Wissenschaftlern, die behaupten, ein Bienengehirn mit nur einer Million Neuronen könne höchstens eine Ansammlung instinktiver Reaktionen mit simplem Schaltmechanismus sein und keinesfalls ein Wesen mit einer zentralen Vorstellung von seiner Umwelt (Bewusstsein). Und solange nicht das Gegenteil seiner Theorie bewiesen ist, bleibt Anderson bei seiner Überzeugung.

Übrigens hält er Kakerlaken für menschlicher als Spinnen: »Ähnlich wie die New Yorker, die sie hassen, leiden Kakerlaken unter Stress und können ohne äußere Verletzung daran sterben.«

Den amerikanischen Neurowissenschaftler Christof Koch vom Allen Institute for Brain Science fasziniert wiederum die pilzähnliche Struktur des Kakerlaken-Hirns: »Wir haben keine Vorstellung davon, auf welchem Level des komplexen Gehirns das Bewusstsein endet. Die meisten Menschen sagen: Um Himmels willen, eine Kakerlake lebt nicht bewusst. Aber woher wollen wir das wissen? So sicher sind wir da jedenfalls nicht mehr.«

Seit Jahrzehnten beschäftigen sich Wissenschaftler mit den Gehirnen von Insekten. Diese Gehirne sind meist kleiner als der winzigste Salzstreusel. Nicholas Strausfeld, Neurobiologe an der University of Arizona in Tucson, ist beeindruckt. »Ich bin überzeugt, dass Insekten die anspruchsvollsten Gehirne auf diesem Planeten haben«, sagte er dem Magazin *Discover*.

Ein Mensch verfügt über rund 100 000 000 000 Gehirnzellen. Die Kakerlake bringt es allenfalls auf ungefähr 1 000 000. Doch ihre Neuronen sind flexibler und zehnmal dichter angeordnet als bei Säugetieren, was für einen blitzschnellen Informationsfluss sorgt. Der Honigbiene ermöglicht ihre Million Gehirnzellen immerhin, sich zehn Kilometer von ihrem Heim zu entfernen, Futter zu finden, wohlbehalten zurückzukehren und anderen Bienen im Bau von ihrer Entdeckung zu berichten. Das schaffen manche Menschen nicht mal mit einer Landkarte.

Wer viel leistet, muss auch ruhen. Das gilt für Menschen wie für Kakerlaken. Letztere ziehen sich rund zwanzig Stunden am Tag in ihre bewährten Verstecke hinter Scheuerleisten und Türrahmen, Mauerfugen und kaputten Fliesen zurück und dämmern dort vor sich hin. Sobald es dunkel wird, erwachen sie zum Leben. Ihre aktivste Phase durchlaufen sie in den ersten vier Stunden nach Sonnenuntergang oder sobald alle Lichter im Haus erloschen sind. Darum trifft man sie mit höchster Wahrscheinlichkeit, wenn man aus dem Kino nach Hause kommt oder sich einen Mitternachtssnack aus dem Kühlschrank holt. Diese vier Stunden genügen ihnen, um all das zu tun, was ihr Überleben sichert und Spaß macht: Sie suchen Futter und Partner, fressen, sexeln, legen ihre Eier ab. Dann ist Feierabend.

Übrigens: Fünf amerikanische High School-Studenten haben herausgefunden, dass Kakerlaken vergesslich werden, wenn sie unter Schlafentzug leiden. Dafür gab es den ersten Platz beim Wissenschaftswettbewerb der American Junior Academy of Science …

An vielen Insekten bewundern wir die Grazie und Farbenpracht, mit welcher sie die Welt erfreuen. Davon haben Kakerlaken leider selten etwas zu bieten. Deshalb lassen sie uns kalt. Nur die exquisiteren Subjekte ihrer Art, wohnhaft in den Tropen, leuchten oft in unwiderstehlichen Farben, in Blutrot, Kleegrün, Eisweiß oder Kanariengelb.

Zu den wenigen hübschen Ausnahmen gehört auch eine kobaltblaue Art mit bronzefarbenen Tupfern und dünnen roten Streifen. Als der Tropenspezialist William Bell von der University Kansas in Lawrence sie zum ersten Mal sah, dachte er zunächst, es handele sich um einen Käfer von außerordentlicher Leuchtkraft. »Wäre sie nur ein wenig größer gewesen, hätten meine Leute sie vermutlich in einen Vogelkäfig gesteckt«, schwärmte er der *New York Times* vor.

Der amerikanischen Fotografin Katherine Chalmers gelingt es, selbst die ödeste Tierart fantastisch aussehen zu lassen – und verdient damit sogar ihr Geld. Sie verpasst Kakerlaken einen bunten Anstrich, damit sie Schmetterlingen oder Gottesanbeterinnen ähnlich sehen, anschließend setzt sie die lebenden Gemälde auf frische Blumen oder in von ihr gebaute Puppenstuben mit Miniaturmöbeln und lichtet sie ab. Dabei entstehen bildstarke Motive, die Sammler in aller Welt begeistern. Rund vierzig tierische Fotomodelle hält Chalmers in ihrem Apartment im Künstlerviertel SoHo.

Bevor sie ihre winzigen Stars fotografieren kann, stellt sie das Terrarium für zehn Minuten in den Kühlschrank. »Der Frostschock macht sie bewegungsunfähig«, erklärt die rothaarige Frau, die ihre Models ansonsten mit mütterlicher Fürsorge behandelt – auch jetzt, als sie mir ein solchermaßen gekühltes Exemplar präsentiert.

Empfindet sie gar keinen Ekel dabei? »Wenn das so wäre, würde ich Äpfel und Birnen fotografieren.«

Ungefähr zwei Minuten halten die gekühlten Schaben still, Chalmers muss sich also beeilen. Schnell pinselt sie nun mit roter Farbe auf dem Rücken des ausgewählten Exemplars herum. So wie es daliegt, sieht es ziemlich hinüber aus.

»Kakerlaken sondern eine ölige Substanz ab«, erklärt sie, während sie sich ihrer filigranen Malerarbeit mit zusammengepressten Lippen widmet. Das kommt nicht von ungefähr. Dank dieses Öls vermag eine Kakerlake in Verstecke zu schlüpfen, deren Zugang flacher ist als ein Blatt Papier. »Es ist, als würde man mit Acryl auf Öl malen«, fährt sie fort. »Die Farbe hält maximal eine Woche. Sie schadet den Tieren nicht.«

Als das Model wieder seine übliche Betriebstemperatur erreicht hat, sucht es das Weite. Doch Katherine ist noch nicht fertig. Sie schnappt sich den Flüchtling erneut und verpasst ihm eine Zwischenkühlung, dann macht sie weiter, tupft schwarze Marienkäferpunkte auf den Rücken ihres paralysierten Kunstwerks, drapiert es fotogen auf einem Tulpenblatt und schießt aus verschiedenen Perspektiven eine Menge Fotos. Mitten im Shooting beginnt ihr Model, sich zu regen, und purzelt benommen vom Blatt. Sekunden später ist die Kakerlake wieder obenauf. Katherine nimmt sie und setzt sie behutsam zurück in die vertraute Umgebung des Terrariums.

Das war's fürs Erste. Jetzt kommt Naomi Campbell dran. Naomi Campbell? Dieser Vergleich trifft bei genauer Betrachtung nicht zu. Denn für das ungewöhnliche Bodypainting verwendet Katherine ausschließlich Männchen. »Die eignen sich wesentlich besser, weil sie eine größere Körperoberfläche haben. Außerdem sind Weibchen fetter, es dauert länger, sie herunterzukühlen, und sie werden schneller wieder aktiv. Das würde die Sache verkomplizieren.«

Immer neue Motive ersinnt Katherine Chalmers, immer neue Models wachsen nach. Der Markt für ihre Bilder, die zwischen 200 und 500 Dollar kosten, scheint unersättlich zu sein.

Auf eine besonders degoutante Idee, Kakerlaken zur Schau zu stellen, verfiel im Frühjahr 2008 der für seine extravagante Mode berühmte Jared Gold. Bei einer Fashion-Show im Wartesaal der Union Station in Los Angeles schickte er seine Models wie immer grell geschminkt über den Laufsteg, diesmal jedoch aufgepeppt mit einem besonderen Accessoire: lebende Kakerlaken. Um den nicht gerade populären Tieren zu mehr Glanz zu verhelfen, hatte er funkelnde Swarovski-Kristalle auf ihrem Panzer befestigt. Das passende Haustier zum Outfit, mit einer angeklebten Leine, per Anstecknadel an der Kleidung befestigt – so konnte das Tierchen auf seiner extravaganten Besitzerin herumkrabbeln, aber nicht weglaufen. Darauf muss erst mal einer kommen. Für je achtzig Dollar wurden die Schmuckstücke weltweit übers Internet vertrieben. Verschickt wurden allerdings nur Männchen. Die zwar edel geschmückten, aber natürlich bedauernswerten Tiere fanden reißenden Absatz, hielten jedoch höchstens ein Jahr durch. Was die Besitzer danach mit den Kristallen machten, ist nicht überliefert.

Gäste aus grauer Vorzeit

Im Stechschritt durch die Evolution

Mit ihren geschätzten 350 Millionen Jahren auf dem Panzer zählt die Kakerlake zu den Senioren unter den Erdbewohnern. Sie gehörte also längst zur Stammbesatzung des Raumschiffs Erde, als unsere Urahnen vor rund 2,5 Millionen Jahren zum ersten Mal in die Sonne blinzelten. Lange vor Buddha und Aristoteles, Konfuzius und Alexander dem Großen ging sie an den Start.

Die ältesten Käfer sind etwa 265 Millionen Jahre alt, Heuschrecken gibt es seit 150 Millionen Jahren, Bienen und Ameisen seit 65 bis 135 Millionen Jahren. Die Anwesenheit von Wespen wird auf 200 Millionen Jahre geschätzt, Eintagsfliegen sowie einige Schmetterlingsarten bringen es auf 280 Millionen. Und Fliegen ebenso wie Mücken soll es immerhin schon 290 Millionen Jahre geben.

Nur wenige Tiere, Silberfischchen und Libellen zum Beispiel, bevölkern unseren Planeten länger als die knickebeinigen Veteranen. Weil es sie schon so lange gibt, gehören Kakerlaken zu den lebenden Fossilien.

Doch was sind lebende Fossilien überhaupt? Wie und warum haben diese Relikte der Erdgeschichte überlebt?

Zwei Master-Kriterien schaffen Klarheit. Erstens: Lebende Fossilien und ihre Vorfahren müssen auf eine mehrere zehn oder besser hundert Millionen Jahre dauernde Evolutionsgeschichte zurückblicken können. Der Lungenfisch ist knapp 400 Millionen Jahre alt, der Pfeilschwanzkrebs bringt es auf mindestens 150 Millionen Jahre. Zweitens: Ihr heutiger Bauplan darf nicht oder nur gering von der Konstruktion ihrer Urururur^X-Großväter abweichen. Der asiatische Riesensalamander etwa ist noch genauso groß wie seine Vorfahren (1,50 Meter), auch sein urtümlich wirkender Knochenbau gleicht ihnen bis ins Detail.

Die meisten fossilen Greise waren den Wissenschaftlern schon bekannt, bevor sie lebend entdeckt wurden. Denn von fast allen Fossilien existierten bereits Funde aus den Zeitaltern Kreide, Jura und Karbon. So auch von besagtem Riesensalamander. Als 1726 erstmals ein gut 14 Millionen Jahre altes Riesensalamanderskelett im Öhninger Steinbruch gefunden wurde, hielt es der Schweizer Naturforscher Johann Jakob Scheuchzer zunächst für das »Beingerüst eines in der Sündflut ertrunkenen Menschen«. Erst 1811 korrigierte der Evolutionsexperte Georges Cuvier diesen Irrtum: Er identifizierte die Knochen als Reste eines Amphibiums – 18 Jahre bevor der erste lebende Riesensalamander gefunden und nach Europa gebracht wurde.

Lebende Fossilien zählen zu den seltensten und rätselhaftesten Phänomenen der Tier- und Pflanzenwelt. Charles Darwin schrieb in *Die Entstehung der Arten*, lebende Fossilien seien so gut an die Umwelt angepasst, dass ein Wandel nur zu einer Verschlechterung führen könne.

Fehlende Konkurrenten und Fressfeinde, eine genügsame, wenig spezialisierte Lebensweise sowie die Besiedlung von abgelegenen Lebensräumen (Tiefsee, Regenwald) haben dazu beigetragen, dass sie unsterblich wurden wie der Highlander. Häufig sind sie in scheinbar katastrophensicheren Lebensräumen beheimatet, meist unerreichbar für den Menschen. Das ist für sie von Vorteil. Von Nachteil könnte sein, dass ihre geringe Entwicklungsdynamik sie daran hindern wird, sich anzupassen, sollten ihre Lebensräume sich verändern. Oder würden sie aus dem zerstörten Umfeld in ein lebenswerteres, neues Umfeld ausweichen?

Sind lebende Fossilien Überlebenskünstler oder Auslaufmodelle der Evolution? Haben sie vielleicht den Fahrstuhl der Evolution verpasst und existieren gerade deshalb bis heute? Für die Kakerlake lief bisher jedenfalls alles wie geschmiert.

Sobald ein neues lebendes Fossil entdeckt wird, setzt ein unglaublicher Rummel um die Tiere ein. Denn für die Wissenschaftler sind sie nicht nur aufgrund kurioser Körpermerkmale oder besonderer Fähigkeiten interessant, vor allem liefern sie auch wichtige Informationen über das Leben auf der Erde in der Urzeit und sein systematisches Voranschreiten bis in die Gegenwart. So wird zum Beispiel immer noch nach einer schlüssigen Antwort auf die Frage gesucht, ob die Evolution gleichmäßig verlief oder in Sprüngen. Jeder neue Fund schließt eine Lücke im Stammbaum des Lebens und erhellt das Wissen über die Situation in den verschiedenen Erdzeitaltern.

Auch der Quastenflosser ist so ein Tier – ein schwimmender Anachronismus, der den Forschern unschätzbare Hinweise geliefert hat. Vertreter dieser Fischgruppe waren die unmittelbaren Vorfahren der Lurche und Echsen und sind damit die Urahnen aller an Land lebenden Wirbeltiere –, bis hin zu den Säugern. Vor 300 bis 400 Millionen Jahren jagte der bis zu zwei Meter lange Fisch mit seinen vier muskelbepackten Flossen in flachen Küstengewässern. Heute gibt es nur noch zwei Quastenflosserarten: Sie tummeln sich in Höhlensystemen in vielen hundert Metern Tiefe vor den Komoren oder in der Celebessee vor Indonesien, wo die letzten noch verbliebenen Exemplare immer mal wieder einem glücklichen Fischer ins Netz gehen. Dieser darf dann damit rechnen, mit mehr als einem Jahresgehalt seines üblichen Einkommens von einem Forschungsinstitut belohnt zu werden. Zwischen 100 und 200 Exemplare (die Angaben schwanken) wurden in den vergangenen Jahrzehnten gefangen. Sie wurden meist ins Ausland verkauft, obwohl die United Nations Convention on International Trade in Endangered Species (CITES) im Jahr 2000 den internationalen Handel mit lebenden Fossilien verboten hat.

Der Kakerlake, beinahe ebenso alt wie der Quastenflosser, mag das egal sein (obwohl sie bestimmt stolz darauf wäre, ebenso populär zu sein, anstatt als Ungeziefer verschrien zu werden). Immerhin, sie lebt. Und zwar gut, und sicherlich noch sehr viel länger als der letzte Quastenflosser. Die Kakerlake bewohnte die Erde schon, als sich aus dem Ur-Kontinent Pangaea die neuen Kontinente Afrika, Asien, Europa, Australien und Amerika formten. Seit Anbeginn ihrer Zeit war sie als Insektengruppe nie vom Aussterben bedroht, was ihrem Artenreichtum, aber vor allem ihrer enormen Fruchtbarkeit zuzuschreiben ist. Die Kakerlake lebt schätzungsweise hundertmal länger auf diesem Planten als der Homo sapiens. Und ihre Chancen, uns zu überleben, stehen nicht schlecht. Denn wäre sie so primitiv, wie immer behauptet wird, hätte sie keinen Platz auf dieser Welt. Vielleicht ist es an der Zeit, der Kakerlake endlich jene Anerkennung zu zollen, die ihr seit Jahrhunderten verwehrt wird – für ihre Ausdauer, ihre Widerstandskraft und den unbändigen Überlebenswillen, der sie bis heute trägt.

Woher also kommt sie? Was ist ihre Geschichte?

In der Morgenstunde des Lebens, vor viereinhalb Milliarden Jahren, ballte sich interstellare Materie und wurde zu unserem Planeten. Vor dreieinhalb Milliarden Jahren (Präkambrium) formten sich aus wenigen Grundbausteinen, die mit den Gesetzen von Physik und Chemie allein nicht zu erfassen sind, die ersten Zellen. Milliarden von Jahren verbrachten die Organismen im Meer, ehe eine ungeheure Vielfalt von Tieren, Pflanzen und Pilzen aus ihnen hervorging.

Rund 500 Millionen Jahre vor unserer Zeit, im Kambrium, revolutionierten dann zwei Arten innovativer Körpergerüste die Tierwelt in den Ozeanen: das Innen- und das Außenskelett. Das Außenskelett war zuerst da; doch so viele Vorteile es für seinen Träger auch mit sich brachte, es barg Gefahren. Denn ist die harte Hülle erst einmal gebildet, vermag sie nicht mit dem reifenden, größer werdenden Körper zu wachsen. Sie zwängt die Tiere in ein Korsett, weshalb diese ihren Panzer von Zeit zu Zeit abstreifen und eine neue, größere Haut aus Chitin bilden müssen. Womöglich führten dieser mühsame Akt der Häutung und das eingeschränkte Wachstum dazu, dass sich in der gefahrvollen Unterwasserwelt des Kambrium-Ozeans ein Gegenentwurf zum Außenskelett herausbildete: das Innenskelett, das noch heute die Körper sämtlicher Wirbeltiere stützt.

Zahlreiche unterschiedliche Organismen nutzten entweder den einen oder den anderen Skelett-Typ und variierten dieses Gerüst zu immer neuen Formen. Es war eine Zeit der Innovationen. So verschiedenartig die einzelnen Lebewesen auch aussahen, ihre Baupläne basierten erstaunlicherweise auf diesen zwei Konzepten. Der Stammbaum der Tiere fächerte sich auf. Wissenschaftler sprechen heute von der »kambrischen Radiation« (lateinisch »radius« = »Strahl«; im biologischen Sinn: »Auffächern«).

Mithilfe von Innen- und Außenskelett vermochten die Lebewesen erstmals, komplexe Körper auszubilden und größer, schneller, widerstandsfähiger zu werden. So gab es Tiere, deren Körper von einem inneren Skelett – einem Gerüst aus Knorpel oder Knochen oder beidem – gestützt wurde (dazu gehören heute Fische, Amphibien, Reptilien, Vögel und Säugetiere), und solche, deren Körper über ein äußeres Skelett verfügte, die also von einer Art Panzer oder Schale umhüllt waren (Muscheln, Spinnen, Skorpione, Insekten).

Binnen relativ kurzer Zeit bildeten sie Gliedmaßen aus, konstruierten stabile Panzer und formten harte Borsten und Fangwerkzeuge. Eine Organismusgruppe allerdings übertraf mithilfe der innovativen Skelett-Systeme alle anderen Arten: die Gliederfüßer. Diese Tiere hatten Extremitäten aus mehreren röhrenförmigen Gliedern, in deren Innerem sich Muskelstränge spannten. Sie sind die Urahnen sämtlicher Insekten – auch der Kakerlaken.

Das Wort »Insekt« wurde im 18. Jahrhundert aus dem lateinischen insectum eingedeutscht. Es leitet sich von in-secare (einschneiden) ab, was sich auf die beiden Verbindungsteile zwischen den drei Segmenten Kopf (Caput), Brust (Thorax) und Hinterleib (Abdomen) bezieht, da diese wie Einkerbungen anmuten. Die größten Insekten (Stabheuschrecken) werden 33 Zentimeter lang, die kleinsten (Federflügler und Erzwespen) bringen es gerade mal auf 0,2 Millimeter. Bis heute weiß niemand genau, wie die Ahnen der Insekten ausgesehen haben, denn bislang wurden keine entsprechenden Fossilien entdeckt. Doch in den Gesteinsschichten aus dem anbrechenden Kambrium

fanden sich Dutzende Spezies von archaischen Glieder-
tieren.

Es ist faszinierend, was Insekten damals alles fabri-
zierten – manches erinnert geradezu an Baustoffe
aus dem Heimwerkermarkt. In ihrem Inneren ver-
banden die einst nur wenige Zentimeter kleinen
Tiere Minerale wie Kalk und Kalziumphosphate sowie Eiweiß mit dem Zuckermolekül Chitin und
stellten daraus ein hervorragendes Baumaterial für
ihr Außenskelett her: einen knochenharten, wider-
standsfähigen Verbundstoff, vielfältig einsetzbar und
leicht. Kombiniert mit anderen Stoffen eignet sich
Chitin zudem ausgezeichnet, um stabile Außenske-
lett-Elemente mit beweglichen Gliedern zu verbinden und auf diese Weise Beine, Fühler, gegliederte
Fangarme, Scheren, Zangen und Kauwerkzeuge zu
konstruieren.

Jahrzehntelang rätselten die Forscher, wie die Insekten zu ihrem harten Panzer gekommen sind. Für
seine Aushärtung, so viel war seit 1935 bekannt, ist
das Hormon Bursicon verantwortlich. Dessen genaue Struktur und die dazugehörige genetische
Sequenz blieb allerdings lange im Dunkeln. Erst das
Wissenschaftlerteam um Hans-Willi Honnegger
von der Vanderbilt University und seinen Kollegen
in Cornell und Seattle gelang es, das Rätsel zu lüften.
Sie identifizierten die Gensequenz des Hormons
und seine chemische Struktur und stellten fest, dass

Bursicon nicht nur für die Härtung der Panzer essentiell ist, sondern auch unabdingbar für das Ausbreiten der Flügel.

Neuerdings fahnden die Forscher nach dem Rezeptor des Hormons, um diesen auszuschalten beziehungsweise zu besetzen. Honnegger: »Bursicon ist unbedingt notwendig für das Überleben von Insekten. Wenn wir den Rezeptor und das Hormon kennen, dann können wir einen Wirkstoff produzieren, der zum Rezeptor passt.« Dieser Wirkstoff hätte nur auf Insekten Einfluss, die sich gerade häuten. Damit wäre ein gezieltes Vorgehen bei Insektenplagen möglich, sobald sich diese in Massen häuten.

Das Hormon Bursicon – auch das hat die Wissenschaft herausgefunden – gehört zur Gruppe der sogenannten Cystin-Knoten-Proteine. Solche Proteine kannten Biologen bisher nur als Wachstumshormone bei Säugetieren. »Daran sieht man, wie konservativ die Natur ist«, kommentierte Honnegger seine Entdeckung. »Sie nutzt dieselbe Struktur für völlig verschiedene Dinge.«

Die Kakerlake hat aber noch einen weiteren Kniff zu bieten, den ihr so schnell keiner nachmacht: Im Gegensatz zu allen anderen Tieren (und Menschen) verfügt sie über die Fähigkeit, das wichtige Vitamin A selbst herzustellen. Sie und ich, wir müssen Salat oder Karotten verzehren, um es unserem Körper zuzuführen, denn ohne Vitamin A droht uns schlimmstenfalls die Erblindung. Hingegen büßten selbst Kakerlaken, die über vier Generationen kein Vitamin A in ihrer Nahrung hatten, nichts von ihrer Seh- und sonstigen Lebenskraft ein.

In den kambrischen Meeren sah es beinahe so aus, als bediente sich die Natur eines Modellbaukastens, um verschiedenartige, skurrile Wesen zu entwerfen. Nicht nur der Körperbau war innovativ, auch die Lebensweise: Hatten sie sich bisher von den im Wasser gelösten Stoffen oder Algen ernährt, spezialisierten sich manche der aufkommenden Gliederfüßer nun auf tierisches Eiweiß. Ein neues Kapitel in der Geschichte des Lebens begann: Die Fauna teilte sich in Jäger und Gejagte, in Räuber und Beute. Zwar starben viele von ihnen später wieder aus, doch unter denen, die durchkamen, befanden sich die Ahnen fast aller noch heute auf der Erde lebenden Tiere. Selten jedoch beträgt die Verweildauer einer Art auf Erden mehr als ein paar Millionen Jahre. Wir Menschen haben hoffentlich noch eine lange Strecke vor uns, sind wir doch erst 35 000 Jahre alt.

Vor rund 450 Millionen Jahren (zum Ende des Ordovizium) war die Erde mit Pflanzen bedeckt, die für Nahrung und Sauerstoff sorgten, so dass die Tiere auch an Land überleben konnten. Als schließlich die ersten Arten vom Meer aus das Festland eroberten – vor 444 bis 416 Millionen Jahren (Silur) – waren auch die Euthycarcioniden, die als Ursprungsform aller Insekten gelten, mit von der Partie. Ihre Fossilien weisen übrigens eine gewisse Ähnlichkeit mit Kakerlaken auf.

Im Devon (vor 416 bis 359 Millionen Jahren) entwickelte sich in den Meeren, Flüssen und Seen eine unglaubliche Lebensvielfalt. In dieser Zeit brach der Tiktaalik, ein Urahn der Amphibien, zum Landgang auf – dank einer phänomenalen Innovation der Natur: der Lunge. Sie ermöglichte es dieser Wirbeltierspezies, über Wasser zu atmen. Gliederfüßer und Weichtiere waren da bereits an Land und in der Luft unterwegs. Die Kakerlake gehörte also gewissermaßen zu den Siedlern der ersten Stunde und brauste von da an die Erfolgsleiter hoch – wenngleich ihre Bilanz in Sachen Entwicklung eher mager blieb.

Im Karbon, dem Steinkohle-Zeitalter, hatten sich die Kakerlaken bereits so breitgemacht, dass die Paläontologen der 359 bis 299 Millionen Jahre dauernden Periode den Spitznamen »Epoche der Kakerlaken« verpassten. Bis zu 40 Meter hohe Bärlapp-Bäume und zehn Meter lange Schachtelhalme dominierten zu jener Zeit das neue Ökosystem. Am Fuß der Baumriesen krochen schwer gepanzerte Arthropleura von zwei Meter Länge umher, die unseren modernen Tausendfüßlern ähnelten. Durch die Luft flogen Libellen mit einer Spannweite von bis zu 60 Zentimetern. Gewaltige Pilze reckten ihre Hüte aus dem Boden, Skorpione und Spinnen, Echsen und Asseln raschelten im Laub. Wie ein Fieber ergriff das Leben die ganze Erde.

Anders als Pflanzen und Pilze hatten die beweglichen Geschöpfe komplexe Sinnesorgane ausgebildet, mit denen sie ihre Umgebung wahrnehmen konnten. Sie sahen die Welt, rochen sie und hörten Geräusche. In ihren Körpern arbeitete ein Netz aus Nerven, das imstande war, das Wahrgenommene zu bewerten und Entscheidungen zu treffen: zur Flucht, zum Angriff, zum Verharren. Versteckt unter Riesenfarnen und urzeitlichen Palmen, beobachteten die Kakerlaken den Aufstieg der Dinosaurier.

Als die Festlandmassen Pangaeas, an dessen Rändern tropisches Klima herrschte und in dessen Innerem eine riesige Wüste lag, im Perm auseinanderdrifteten, eroberten die vierbeinigen Pelycosaurier die Erde – Fleischfresser mit speziell entwickelten Zähnen, so dass sie auch Beute erlegen konnten, die so groß war wie sie selbst. Die Kaltblüter trugen ein fischkammähnliches Segel auf dem Rücken, mit dem sie vermutlich Sonnenstrahlen einfingen, um den Körper aufzuheizen.

Die damaligen Kakerlaken waren mitunter über 15 Zentimeter lang und wären wohl in der Lage gewesen, Beute von der Größe heutiger Mäuse zu erlegen; aber natürlich wären sie, typisch Kakerlake, höchstens an toten Mäusen interessiert gewesen. Auch andere Rieseninsekten waren unterwegs, in der Luft und auf der Erde. Wären damals schon Menschen auf diesem Planeten zu Hause gewesen, sie hätten allen Grund gehabt, sich in Acht zu nehmen. Doch dass es die inzwischen ausgestorbenen Giganten unter den Insekten überhaupt gab, war den Wissenschaftlern lange Zeit ein physiologisches Rätsel: Insekten atmen – im Gegensatz zu Wirbeltieren – nicht durch Lungen, sondern durch

Tracheen. Dieses mit Luft und Flüssigkeit gefüllte Röhrensystem übernimmt die Verteilung des Sauerstoffs im gesamten Körper, zu den Muskeln und Organen. Der Transport geschieht rein passiv, angetrieben durch das Konzentrationsgefälle des Sauerstoffs in den Tracheen. An den Enden der Tracheen, Tracheolen genannt, wo der Sauerstoff in das Gewebe übertritt, sind die Röhren mit Flüssigkeit gefüllt.

Die Diffusionsgeschwindigkeit von Sauerstoff in diesen Tracheolen schränkt die Größe von Insekten grundsätzlich ein. Nur wenige Insekten schaffen es durch zusätzliches mechanisches Pumpen, größer zu sein, als sie dürften, zum Beispiel der Goliathkäfer, der bei einem Sauerstoffgehalt von rund 20 Prozent in der Luft bis zu elf Zentimeter lang wird.

Wie aber gelang es den Rieseninsekten im Perm dann, diese physiologische Grenze um etliches zu überwinden?

Die verblüffende Antwort: Eine solche Grenze existierte gar nicht. Das zumindest behauptet der Physiologe und Biologieprofessor Jon Harrison von der Arizona State University. Zusammen mit seinen Kollegen Jerry Graham vom Scripps Institut für Meeresforschung und Robert Dudley von der Texas University untersuchte er prähistorische Böden. Dabei stießen sie auf interessante Fakten: Vermutlich lag die Sauerstoffkonzentration der Luft vor 300 Millionen Jahren bei bis zu 35 Prozent und damit um ein Drittel höher als jemals zuvor und danach (heute beträgt sie nur 21 Prozent). Dadurch stand den Tieren von vornherein mehr Energie zur Verfügung, die sie nutzten, um ihre Körpermaße auszudehnen.

Robert Berner von der Yale University bestätigt diese Sauerstoffschwankungen in den unterschiedlichen Erdzeitaltern. Er hat ein Computermodell erstellt, das aus der Zusammensetzung von Sedimenten, die sich in verschiedenen Epochen abgelagert haben, den jeweiligen Sauerstoffgehalt der Luft rekonstruiert. Das erstaunliche Sauerstoffhoch vor 300 Millionen Jahre könnte seiner Ansicht nach eine respiratorische Tür für prähistorische Insekten geöffnet haben. In Experimenten hat er seine Hypothese getestet: Der sogenannte Große Grashüpfer zum Beispiel kam bei einer geringeren Sauerstoffkonzentration kaum noch von der Stelle. Dagegen sprang er in einer um 40 Prozent Sauerstoff angereicherten Atmosphäre weiter als gewöhnlich. Berners Ansicht nach beweist das die Wechselwirkung von Stoffwechselrate, Sauerstoffbedarf und Größe bei den Insekten. Darauf, dass allein Sauerstoff den Riesenwuchs begünstigt, möchte er sich jedoch nicht festlegen. »Offensichtlich gibt es noch andere ökologische Gründe für den Gigantismus und sein Aussterben.«

Dass ein abermaliger Anstieg des Sauerstoffgehalts in ferner Zukunft noch einmal Rieseninsekten hervorbringen wird, halten Experten für ebenso unwahrscheinlich wie die Wiederkehr der Riesenkakerlake. Doch immerhin haben die Schaben auch diese Phase und ihre zeitweise Übergröße bravourös überstanden.

Im Trias (vor 251 bis 200 Millionen Jahren) dominierten Reptilien. Einigen, wie der etwa ein Meter langen Flugechse Eudimorphodon, gelang es sogar, den Luftraum zu erobern.

Wie aber muss sich die Kakerlake gefühlt haben, als sich vor 210 Millionen Jahren die Langhalssaurier (Sauropoden) zu den größten Landtieren aller Zeiten entwickelten? Nie gab es auf der Erde eine gewaltigere Kreatur. Rund 40 Meter maß der Pflanzen fressende Argentinosaurus huinculensis vom Kopf bis zur Schwanzspitze. Die Schultern dieses Monstrums erhoben sich acht Meter über dem Boden. Allein sein Oberschenkelknochen hätte mit 2,30 Meter Länge einen ausgewachsenen Mann überragt. 70 Tonnen schwer soll er gewesen sein; das entspricht einem Dutzend ausgewachsener Afrikanischer Elefanten. Im Vergleich zu diesen haushohen Sauropoden waren Dinosaurier geradezu Fliegengewichtler.

Deutsche Experten glauben allerdings inzwischen, per Computersimulation nachgewiesen zu haben, dass der Langhals möglicherweise doch nicht ganz so groß war wie bislang angenommen. Sie gehen davon aus, er habe es nicht auf 70, sondern allenfalls auf 38 Tonnen gebracht. Doch egal, wie groß er nun tatsächlich wurde: Rückblickend scheint es, als hätte der Sauropode sämtliche Naturgesetze überwunden, an denen alle übrigen Landtiere (man denke an die Schwerkraft!)

früher oder später gescheitert sind; aufgrund seiner außerordentlichen Masse hätte er eigentlich gar nicht existieren dürfen.

Dass ein stattlicher Körper im Konkurrenzkampf der Natur von Vorteil sein kann, liegt auf der Hand. Die Größe bietet einen gewissen Schutz vor Raubtieren, aber auch innerhalb der eigenen Art können sich die Großen ihre Widersacher besser vom Leib halten. Sie besiegen mehr Nebenbuhler und können so leichter Geschlechtspartner für sich einnehmen, was ihnen optimale Fortpflanzungschancen eröffnet. Umso bemerkenswerter, dass sich die vergleichsweise kleine Kakerlake zu einem solchen Erfolgsmodell der Evolution entwickelt hat.

Das Jura (vor 200 bis 145 Millionen Jahren) war die Geburtsstunde des Urvogels Archaeopteryx, der neben den Flugsauriern den Luftraum zu erobern begann. Während der Kreidezeit (vor 145 Millionen bis 65 Millionen Jahren) verwandelte sich die Erde in ein Blütenmeer, da die Samenpflanzen ein neues Fortpflanzungsorgan entwickelten: eben die Blüte. Manche Pflanzen nutzten den Wind, um die männlichen Geschlechtszellen (Pollen) zu anderen Blüten zu tragen, andere lockten mit ihren leuchtenden Blüten und ihrem Nektar Insekten an, damit sie diese Aufgabe erledigten. Derweil erlebten die Dinosaurier ihre größte Vielfalt. Der Gallimimus, ein vier bis sechs Meter langer, zahnloser Dinosaurier, trug zum Beispiel ein Federkleid, um sich zu wärmen.

In der Erdneuzeit (vor 65 Millionen bis 2,6 Millionen Jahren) traten die Fellträger ihren Siegeszug an. Zu ihnen, den warmblütigen Säugern, die lebende Jungen gebären, gehörte der elefantenähnliche Deinotherium. Manche Huftiere (die Ahnen der Wale!) passten sich wieder ans Wasser an, andere Säuger wie die Affen erklommen indes die Bäume.

Im Quartär, der vor 2,6 Millionen Jahren begonnenen und bis heute andauernden Phase, durchlebte die Erde Klimaschwankungen mit extrem kalten Perioden, den Eiszeiten. In den eisigen Steppen entwickelten sich neue, den Witterungsverhältnissen angepasste Arten, beispielsweise Mammut, Riesenhirsch, Höhlenbär, Wollnashörner. Noch bis vor 1,8 Millionen Jahren lebten auch gewaltige Terrorvögel und das Riesengürteltier mit seiner gigantischen Stachelkeule auf der Erde. Trotzdem verpassten manche Wissenschaftler dieser Periode den traurigen Beinamen »Intensivstation der Evolution«. Denn in dieser Zeitspanne ging die Ära der Riesen zu Ende.

Gleichzeitig vergrößerte allerdings ein aufrecht gehender Affe sein Gehirn; er begann, Werkzeuge zu erfinden und auch einzusetzen. Es sollte zwar lange, sehr lange dauern, aber schließlich entwickelte sich aus diesem Tüftler der erste Mensch. Vermutlich fielen diesem gefährlichsten Jäger aller Zeiten viele Riesentiere zum Opfer …

Die Kakerlake hat sie alle gesehen, nicht nur die genannten Tiere, sondern noch viele, viele mehr: jene, von denen wir heute noch nichts wissen, und jene, von denen wir vielleicht nie erfahren werden.

Wie aber hat sich der Mensch zu dem entwickelt, was er heute ist, während es für die Kakerlake nie eine Rückrufaktion des Chefkonstrukteurs gab?

Irgendwann trauten sich die Affen aus dem sicheren Schutz der Bäume auf den Boden. Der weitaus größere Schritt war jedoch der aus dem Wald in die Savanne. Denn das Grasland war eigentlich eine gefährliche Region für einen Affen. Warum aber verließen sie irgendwann den schützenden Blätterwald, in welchem sie bei Gefahr sofort auf einen Baum turnen konnten? Die Ursache für ihren Wagemut war ein Klimawandel, der die Savannen wachsen und die Regenwälder schrumpfen ließ.

Vor 3,2 Millionen Jahren schließlich watschelte (wegen ihrer großen Füße!) die berühmteste Frau der Anthropologie in der Savanne umher, vermutlich in Begleitung ihrer Sippe. Woher wir das wissen? Im heutigen Äthiopien entdeckten amerikanische Knochensucher 1974 ihr erstaunlich gut erhaltenes Skelett. Australopithecus afarensis, so ihr Name in Fachkreisen, wurde von den Forschern »Lucy« getauft (weil sie gerade den Beatles-Song *Lucy in the Sky with Diamonds* im Radio hörten, als sie ihren sensationellen Fund machten). Drei von Lucys Zeitgenossen hinterließen in Tansania, am Rand der Serengeti, ihre Fußspuren in vulkanischer Asche. Die Abdrücke gehören einem Mann, einer Frau und einem Kind – das erste Familienbild der Menschheitsgeschichte. Die drei waren unterwegs nach Norden.

In rasender Geschwindigkeit ging es weiter: Vor 2,5 bis 2,3 Millionen Jahren trat der Homo rudolfensis auf den Plan. Dieser Mensch hatte ein größeres Gehirn als die affenartigen Vormenschen, die Australopithecinen. Er nutzte die ersten minimalistischen Werkzeuge und ist – möglicherweise – unser direkter Vorgänger.

Dann war da noch der Australopithecus sediba. Gelebt hat er vermutlich vor 2 bis 1,8 Millionen Jahren, gefunden wurde er – genauer gesagt die Fossilien einer Frau und eines Jungen – in einer Höhle in der südafrikanischen Region Sterkfontein (africaans für »starke Quelle«), nordwestlich von Johannesburg. Bislang geht die Wissenschaft davon aus, er könnte eine Übergangsform zwischen den Australopithecinen und den Frühmenschen gewesen sein.

Mit dem Homo erectus (vor 1,8 Millionen bis 300 000 Jahren) begannen die Wanderungen des Menschen von Afrika nach Europa und Asien. 1891 entdeckte der Holländer Eugene Dubois das erste Fossil des Java-Menschen – Java-Mensch deshalb, weil seine versteinerten Überreste am Ufer des Solo-Flusses bei Trinil in Ost-Java gefunden wurden.

Die nächste Stufe war der Homo heidelbergensis. Ein 500 000 Jahre alter Unterkiefer dieses Burschen wurde 1907 im Dorf Mauer bei Heidelberg ausgegraben (was seinen Namen leicht begreifbar macht). Vier sogar 780 000 Jahre alte Überreste von Kollegen des Heidelbergers stöberte man später 1995 in Spanien auf. Sie zählen zu den ältesten Menschen Europas.

Einen seltsamen Fund machten Anthropologen im Jahr 2004 auf der indonesischen Insel Flores. Dieser Urmensch bekam den Spitznamen »Hobbit« und wurde als Homo floresiensis in die Weltkarte der Menschheit aufgenommen. Ob er eine eigene Art oder ein kleinwüchsiger Homo sapiens ist, darüber wird noch gestritten.

Nun endlich tritt der Neandertaler aus dem Nebel der Weltgeschichte. Von dem hat wohl jeder schon gehört, auch der, dem die eben erwähnten Namen überhaupt nichts sagen. Der Neandertaler ist der heimliche Star der Menschen-Evolution. Denn der Fund seiner Überreste in der Feldhofer-Grotte im Neandertal bei Düsseldorf, wo er vor rund 40 000 Jahren gelebt hat, legte den Grundstein für deren Erforschung. Regelmäßig dringen neue Erkenntnisse über seine Lebenswelt zu uns. Zum Beispiel dachte man noch vor kurzem, bis auf ein paar Knochen sei nichts von ihm übrig. Aber am Leipziger Max-Planck-Institut für Evolutionäre Anthropologie gelang kürzlich der Nachweis, dass der Neandertaler in uns weiterlebt. Lange Zeit wähnte sich der Homo sapiens auf einem anderen Entwicklungsstrang, bis die Wissenschaft ihn nun eines Besseren belehrte und nachwies, dass Neandertaler und Homo sapiens mehr verbindet, als der Mensch wahrhaben wollte. Zur Bestimmung des Erbguts wurde ein Stück aus dem Knochen des Neandertalers gebohrt und mit einem DNA-Sequenzierer entschlüsselt. Die aufsehenerregenden Forschungsergebnisse legten nahe: Homo sapiens und Neandertaler stießen irgendwann bei ihren Streifzügen durch die europäische Eiswüste aufeinander und zeugten vermutlich gemeinsame Kinder.

1997 wurde ein internationales Forscherteam erneut in Äthiopien fündig: 160 000 Jahre haben sie auf dem Buckel, die dort aufgefundenen bislang ältesten Überreste des modernen Menschen, der fortan als Homo sapiens Karriere macht. Eine Analyse seiner Schädelknochen im Jahr 2003 erhärtete die Vermutung, dass der moderne Mensch in Afrika entstanden ist und sich von dort über alle Kontinente verbreitet hat.

Während aller Stadien des Gedeihens – der Mensch entdeckte das Feuer, erlernte die Sprache, schmiedete Eisen, pflanzte Kartoffeln, baute Brücken, konstruierte Computer, flog zum Mond – hat ihn ein verlässlicher Zeuge begleitet: die Kakerlake.

Sie war immer da!

Bis zum Horizont und weiter

Die Kakerlake erobert die Welt

Wenn sich Kakerlaken im Kino zu gewaltigen Armeen zusammenschließen, um die Menschen zu versklaven und die Weltherrschaft zu übernehmen, schütteln die echten Schaben unter den Kinositzen die Köpfe. Weltherrschaft übernehmen? Die haben wir doch längst!

Seit Beginn der Menschheitsgeschichte geht die Kakerlake mit uns durch dick und dünn. Sie ist ein Teil unserer Existenz. Zu ihr pflegen wir ein irrationales Verhältnis wie zu keinem anderen Geschöpf auf diesem Planeten. Immer blieb sie uns im Laufe der Evolution auf den Fersen, wie schlecht wir sie auch behandelten. Bei genauer Betrachtung kann man sagen: Sie ist uns sogar meistens einen Schritt voraus.

Über alle Kontinente fiel sie her, resistent gegen jede Einwanderungspolitik. Man trifft sie allenthalben in der Zone zwischen den zehnten Breitengraden nördlich und südlich des Äquators, in manchen Weltgegenden auch deutlich darüber hinaus. Sie bevölkert Wüsten, Wälder, Steppen, Berge, Urwälder, Küsten, Salzmarsche, residiert in Höhlen und nistet sich auf Bäumen ein. Außer in Kühlschränken hat man sie überall gesehen. Selbst in unsere Träume hat sie sich eingeschlichen; dort symbolisiert sie unlösbar erscheinende Schwierigkeiten, die unverhofft aus dem Dunkeln auftauchen. Außerdem stehen sie für »lichtscheues Gesindel und Schmarotzer«, heißt es im *Didymos Lexikon der Traumsymbole*.

Zum ersten Mal wurde die Kakerlake vor fast fünfhundert Jahren schriftlich erwähnt. Das *Oxford Dictionary* verweist auf einen englischen Text, der die spanische Schreibweise »Cucaracha« (1599) verwendet, woraus sich das englische »Cacarootch« (1624) entwickelte. Ein spanisches Lexikon datiert »Cucaracha« auf das Jahr 1547. Ursprung ist demnach der spanische Wortstamm »cuca« = Raupe, Schmetterlingslarve. Das Suffix »racha« wird nicht erläutert. *Zedlers Universal-Lexikon* von 1737 verweist auf die Doppelbezeichnung: A) Amerikanische Kakerlake B) Menschen in Malacca und Batavia mit heller Haut.

Der *Brockhaus* von 1882 gibt als Erklärung für diese doppelte Wortbedeutung an, dass Albinos der Insel Ambon (damals niederländisch Ostindien) wie eine dort häufige Kakerlake rochen und deshalb so genannt wurden. Das deutsche Wort stammt aus dem Niederländischen, wo die Familie der Kakerlaken bis heute »Kakkerlaken« heißt. Dort wurde das Wort erstmals 1646 nachgewiesen, vermutlich kam es zusammen mit dem Tier aus Südamerika. Die alten englischen (»Cacarootch«, heute »Cockroach«), spanischen (»Cucaracha«), französischen (»Cancrelat«) und kreolischen

(»Coquerache«) Bezeichnungen weisen ebenfalls auf Südamerika und die Karibik hin.

Woher die im Deutschen wissenschaftlich korrekte Bezeichnung »Schabe« kommt, ist unklar. Erik Schmolz vom Umweltbundesamt vermutet, dass sich das Wort zum einen vielleicht vom venezianischen »Sciavo« (sprich »schawo«) herleitet, was übersetzt »Slawe« heißt. Zum anderen könnte es vom althochdeutschen Wort »scaba« stammen, welches wiederum auf das lateinische »scabo« für »kratzen« zurückgeht. Bei den Japanern heißen Kakerlaken übrigens »Abula mushi«, die Juden nennen sie »Juke«, die Chinesen »Chang-lang«, die Russen »Furakani«.

Im Orient werden die Kakerlaken seit Jahrhunderten für ein Gleichnis bemüht: Ein Suchender kommt zu einem spirituellen Meister und will Klarheit haben, ob es göttliche Wesen gibt, zum Beispiel Engel, außerirdische Intelligenzen oder einen allmächtigen Gott. Denn er hege mächtige Zweifel an deren Existenz. Schon viele Male habe er versucht, mit solchen übersinnlichen Kräften in Kontakt zu treten, doch niemals eine Antwort erhalten. Nun frage er sich: Wenn es diese Wesen wirklich gebe und sie auch noch viel intelligenter und mächtiger seien als wir Menschen – warum sprächen sie dann nicht mit uns? Es müsse doch ein Leichtes für sie sein, mit uns zu kommunizieren.

Der Meister sieht den Suchenden mitleidig an und sagt: »Mit den Wesen und uns ist es in etwa so wie zwischen den Menschen und den Kakerlaken.«

»Wie soll ich das verstehen?«, erwiderte der Suchende ratlos.

»Ganz einfach: Gehe hinunter in den Keller und versuche mal, mit den Kakerlaken zu kommunizieren.«

Mit anderen Worten: So wenig wir mit Kakerlaken reden können (oder wollen, weil wir sie dessen nicht für wert befinden), so ausgeschlossen ist es aus den gleichen Gründen, dass göttliche Wesen Kontakt zu uns Menschen aufnehmen.

Ihren Siegeszug um den Globus startete die Schabe vor ungefähr dreihundert Jahren, als der Handel im großen Stil begann. Mit marschierenden Armeen ist sie gewandert, als blinder Passagier auf Sklavenschiffen nach Amerika gesegelt, mit Händlern und Flüchtlingen über Grenzen gegangen. Sie reiste in Autos und in Zügen, auf Kamelen und Pferden, in Flugzeugen und in Eisenbahnen. Hütten und Paläste eroberte sie und machte dabei keinen Unterschied.

Weit hat sie es seither gebracht. An jedem Ort auf diesem Planeten lebte sie sich ein, über Millionen Jahre, wenn es ihr gefiel, egal, wie widerwärtig es da auch sein mochte. Auf dem feuchten Untergrund in den Schlafhöhlen von Fledermäusen sind sie ebenso zu Hause wie in den Erdlöchern von Nagetieren.

Einige Arten leben bereits so lange in Fledermaushöhlen, dass sie Flügel und Augen verloren haben. In der Dunkelheit scheinen sie ihre biologische Uhr nach dem Kommen und Gehen der Fledermäuse zu stellen: Immer wenn den Kakerlaken der Wind ins Gesicht bläst, weil die Fledermäuse landen oder starten, dämmert es draußen, zum Tag oder zur Nacht. Es sind die Abfälle der Flattertiere, die den Untergrund für Kakerlaken so attraktiv machen. Alles, was herunterfällt, wird gefressen: Fäkalien, Essensreste, verendete Fledermäuse. Ein ständig gefüllter Teller.

Dass Kakerlaken in der Wüste siedeln, ist ein weiterer Beweis für ihre Vielseitigkeit. Da sie schnell austrocknen, überleben sie die Höllenhitze nur, weil sie sich in den Bau der Wüstenratte verkriechen. Da ist die Luft siebenmal feuchter als die Außenluft. Ihren Wasserbedarf decken sie unter der Erde, indem sie sich von Pilzgeflechten ernähren, die sie an den Wurzeln von Wüstensträuchern finden.

Im Regenwald, zum Beispiel im Dschungel von Costa-Rica, haben die ausgewachsenen Tiere einiger Arten eine bemerkenswerte Überlebenstaktik entwickelt: Abends steigen sie einige Meter aufwärts in Büsche und Bäume, in der Morgendämmerung krabbeln sie wieder abwärts. Mit diesem Fahrstuhlprinzip, so die Überzeugung der Forscher, gehen die Tiere in der Nacht Spinnen und anderen nachtaktiven Räubern auf dem Boden aus dem Weg, am Tag wiederum vermeiden sie die im Hochparterre jagenden Vögel und Eidechsen.

Heutzutage verkriechen sich Schaben gerne auch in Supercomputern, Küchenuhren und Radios. Sie bevölkern Ölplattformen und Kreuzfahrtschiffe. Sogar nördlich des Polarkreises sind sie anzutreffen; dort richten sie sich bevorzugt in den unterirdischen Versorgungstunneln arktischer Flugplätze ein, beispielsweise in Grönland, auf Spitzbergen, in Alaska und in Sibirien. Bis hinauf in den Himalaja und die Rocky Mountains haben sie es geschafft, also in dünne Luft und ewiges Eis – solange sie sich dort in der warmen Umgebung der Menschen aufhalten können ...

Weil die Deutsche Kakerlake besonders gern auf Reisen geht, wird sie in den USA »the most successful commercial traveler« genannt. In nahezu jedem Land hält sie sich auf. Man findet sie in britischen Kohlebergwerken, in afrikanischen Goldminen, australischen Camps, amerikanischen Kasernen, französischen Landhäusern und italienischen Palästen.

Über die schnell wachsenden Städte aller Kontinente fielen die Kakerlaken her wie eine biblische Plage, von Moskau bis München, von Montreal bis Moorea. Komplette Wohnblocks haben sie unterwandert. In den 70er Jahren sollen sich nach Informationen des United States Department of Agriculture in Washington in jeder amerikanischen Sozialwohnung im Südosten des Staates durchschnittlich 26 000 Kakerlaken aufgehalten haben, heißt es in The Physics Factbook. Derselben Quelle zufolge sind in einigen Teilen Amerikas Hunderte Gebäude jeweils von rund 36 000 Kakerlaken bevölkert.

Ende Juni 1988 zeigten sich Heerscharen Deutscher Kakerlaken in vierzig Bussen der Transportbehörde von Chicago. Eine Hitzewelle war der Auslöser, die tagelang die Stadt lähmte. Ein Rathaussprecher sagte: »In Bussen verstecken sich die Kakerlaken normalerweise unter den letzten Bankreihen, nur selten bekommt ein Fahrgast überhaupt mal eine zu sehen. Bei Temperaturen von mehr als dreißig Grad über einen längeren Zeitraum kriechen sie aber auch tagsüber ins Freie.«

Und am 3. März 2010 berichtete der London *Evening Standard* in einem alarmierenden Artikel: »In jedem Pendlerzug befinden sich nach Untersuchungen einer beauftragten Schädlingsbekämpfungsfirma durchschnittlich mehr als 1000 Kakerlaken, überdies stecken 200 Bettwanzen und 200 Flöhe in den Sitzen.« In den roten Doppeldeckerbussen, die durch Londons enge Straßen kurven, wurden bei einer ähnlichen Untersuchung ebenfalls rund 500 Kakerlaken pro Bus entdeckt sowie Flöhe und Wanzen.

Ein Mitarbeiter der Londoner Verkehrsbetriebe schimpfte: »Die Pendler essen, wenn sie unterwegs sind. Vieles fällt auf die Sitze und wird einfach liegen gelassen. Das lockt natürlich Schädlinge an. Obwohl wir alle Busse und U-Bahnen regelmäßig gründlich reinigen, können wir das nicht verhindern.«

Angefangen hat die Welteroberung der Kakerlake mit den ersten Schiffen, die von Europa aus Afrika und Asien ansteuerten, ausgesandt von Königen und Kaisern, Kriegsherren und reichen Kaufleuten. Gewürze, Stoffe, Gold und Früchte sollten sie in die Heimat segeln. Samt dieser kostbaren Fracht gelangten auch allerlei Tiere an Bord: solche, die zu Hause bestaunt oder verspeist werden sollten, und solche, die unbemerkt die

Planken hinauf- und im Heimathafen ebenso unbemerkt wieder hinunterkletterten. Die Mittelmeerhäfen Athen und Alexandria, Karthago und Istanbul wurden für die Kakerlaken zu frühen Umschlagplätzen, und so fanden sie ihren Weg aus Afrika und Asien nach Europa.

Jahrhunderte später brachen die großen Entdecker James Cook, Magellan, Columbus, Bougainville und Vasco da Gama zu ihren weltverändernden Reisen auf, umrundeten Kap Horn und das Kap der guten Hoffnung, fanden Indien und Amerika, Tahiti und Australien. Von überall her schleppten sie und ihre Nachfahren ungewollt Kakerlaken mit und verbreiteten sie auf ihren Routen. Gut möglich, dass auch der venezianische China-Reisende Marco Polo im 13. Jahrhundert von seinem siebzehnjährigen Aufenthalt am Hof des Großkhans mit Kakerlaken im Gepäck zurückkehrte.

In den Kombüsen der Schiffe fanden die Tiere Futter in Hülle und Fülle. Da sie der Besatzung den Proviant ratzekahl wegaßen, veranstalteten die Kapitäne häufig Kakerlaken-Jagden, was die Mannschaften auf Trab brachte und die Kakerlaken in Bedrängnis. Während die Stürme brausten, verkrümelten sie sich in die warmen Nischen der Planken, zwischen die Fässer und Kisten der Ladung. Der Matrose, der die meisten Schaben schnappte, bekam als Belohnung eine Flasche Brandy, der auf den jahrelangen Reisen um die Welt begehrter war als ihr Gewicht in Gold. In den dänischen Seefahrtsannalen von 1611 steht geschrieben, bei einer solchen Jagd seien auf einem einzigen Schiff mehr als 35 000 Kakerlaken zur Strecke gebracht worden. Nicht überliefert ist, wie viele davon der Gewinner erledigte und wo er seinen Rausch ausschlief.

Inzwischen gehören Kakerlaken-Invasionen in der westlichen Welt zum Alltag. Wo immer ein Schnellrestaurant eröffnet, stehen auch die frechen Mitesser über Nacht Schlange. Allerdings unter, nicht vor dem Tresen.

Im Hochsommer 2004 überflutete ein Schaben-Tsunami die italienische Insel Capri. Die sechsbeinigen Touristen besetzten den Edelstrand Marina Grande und vergällten den Schönen und Reichen die Urlaubsfreude. Instinktsicher suchten sie sich die schicksten und teuersten Plätze aus. Die Prominenten fanden die Tiere in ihren Louis-Vuitton-Taschen und zertraten sie unter ihren Ferragamo-Schuhen. Sicher meist erfolglos – aber dazu später mehr.

Wenn die rote Sonne im Meer versank, wurden die kleinen Biester erst richtig munter. Am schlimmsten war es in den Stunden kurz nach Mitternacht: Ein gewaltiges Heer – es sollen Hunderttausende gewesen sein – drang aus den Gullys, zog durch die Gassen und erschreckte Hunde, Katzen und Nachtschwärmer. »Ein schauerliches Spektakel«, beschwerte sich der Präsident des Einzelhandelsverbandes. Wochenlang herrschte Ekelalarm, bis die italienischen Kammerjäger endlich sagen konnten: »Ich habe fertig!«

Wie kam es überhaupt dazu? Das Gesundheitsamt

vermutete damals, die Abfälle der Luxusrestaurants seien nicht rechtzeitig entsorgt worden.

Ein Jahr zuvor hatte es die Großstadt Neapel getroffen: Die Anwohner des Viertels Secondigliano gerieten in Panik, als ihnen braune Insekten um die Ohren segelten und zu ihren Füßen landeten. Schnell wurden die Flieger als Amerikanische Kakerlaken enttarnt. Sie traten in so überwältigender Zahl auf, dass die Menschen die Fenster und Türen ihrer Wohnungen Tag und Nacht geschlossen hielten – und das während einer Wochen andauernden Hitzewelle.

2008 erwischte es die Intensivstation der Universitätsklinik Genf: Trotz strenger Hygienevorschriften entdeckten die entsetzten Schwestern eines Nachts Kakerlaken, die in einer Sauerstoffmaske herumkrabbelten; andere tummelten sich auf den warmen Neonröhren an der Decke, um dann zielsicher auf den unter ihnen liegenden Patienten zu landen, die künstlich beatmet wurden und von dem Chaos Gott sei Dank nichts mitbekamen. Eine grobe Schätzung sprach zunächst von dreißig Exemplaren, die sich auf der Station eingenistet hätten. Für die Patienten mit ihrem geschwächten Immunsystem stellten die Tiere eine bedenkliche Infektionsgefahr dar.

Als die hinzugezogenen Hygieneinspektoren weder Brutstätten noch Löcher in den Wänden fanden, durch die das Ungeziefer hätte eindringen können, war die Ratlosigkeit groß. Entomologen identifizierten die ungebetenen Besucher schon bald als Bernstein-Waldkakerlake, eine Art, die der Deutschen Kakerlake zwar sehr ähnlich sieht, aber anders als diese normalerweise unter Sträuchern und Büschen lebt.

Was hatte sie verlockt und wie hatten sie es geschafft, in den medizinischen Hochsicherheitstrakt einzudringen? Die internen Ermittler gingen ans Werk und wurden schließlich fündig: Zwei Krankenpfleger, notorische Raucher, hatten während ihres Nachtdienstes mit einem Schraubenzieher eines der aus Hygienegründen hermetisch geschlossenen Fenster geöffnet, eine Zigarette gequalmt und das Fenster eine Weile offen stehen lassen, damit sich der Rauch verziehen konnte. Vom Licht der Station angelockt, steuerten die Kakerlaken auf das Fenster zu und waren drin, ehe es von den Krankenpflegern wieder geschlossen wurde.

1991 überrannten Kakerlaken ein paar vergammelte Stadtviertel in London, Glasgow und Liverpool. Und zwar zeitgleich. Warum in diesem Jahr, und warum gerade in diesen drei englischen Städten? Der Sommer war besonders heiß gewesen, was die Population der Schaben enorm anheizte. Außerdem liegen in diesen Städten zahlreiche sozial schwache Viertel, die das Ausbreiten der Plage begünstigten, vergleichbar jenen von Schaben besonders frequentierten Problemgegenden in New York (Harlem, Bronx). Der britische Fernsehfilm *A Plague on your home* dokumentierte die Vernichtungsaktion der Londoner Kammerjäger, die – notfalls mit Durchsuchungsbefehl – von Haus zu Haus zogen, um den knickebeinigen Krabblern den Garaus zu machen. Die Nation stöhnte und gruselte sich kollektiv, als der Beitrag auf BBC ausgestrahlt wurde.

Das *Los Angeles Magazin* verbreitete 1995 folgende Meldung: »Downtown kommt es in warmen Nächten manchmal vor, dass Tausende Kakerlaken auf der Suche nach Nahrung aus der Kanalisation aufsteigen. Wie eine Haut überziehen sie das Kopfsteinpflaster der stillen Seitenstraßen und zwängen sich unter den Türen von Restaurants hindurch. Im Rudel gleichen sie einer biblischen Plage von cinemascopischem Ausmaß.«

Ende des 19. Jahrhunderts beschrieb der amerikanische Insektenforscher Leland Howard eine Masseninvasion Deutscher Kakerlaken in Washington: »An einem dunklen, nebligen Tage des September 1893 brach von der Hinterseite eines alten Gasthauses aus eine gewaltige Armee von Deutschen Kakerlaken hervor, marschierte quer über die schlammige Straße, ließ sich dabei nicht abschrecken von Wasserpfützen, Aschenhaufen und anderen Hindernissen und bewegte sich direkt auf die südlich gelegene Front einer gegenüberliegenden Maschinenwerkstatt zu. Hier versuchten die Arbeiter unter Leitung ihres Werkzeugmeisters, mit Besen die anstürmende Kakerlakenschar wegzufegen, was ihnen nicht gelang, obwohl sie fegten, bis ihnen die Arme müde wurden. Erst als ein Streifen heißer Asche aus dem Ofen auf den Bürgersteig gestreut wurde, gelang es, damit eine Barrikade zu errichten. Viele Kakerlaken verbrannten sich ihre Antennen und Vorderbeine, ehe sie abdrehten. Der Rest teilte sich jenseits der

Aschenbarrikade und verschwand in den benachbarten Häusern.«

Dieser Ansturm der Schaben soll zwei bis drei Stunden gedauert haben. Bei solchen Auswanderungen legen Kakerlaken pro Tag bis zu tausend Meter zurück, vorzugsweise Richtung Süden, der Sonne entgegen. Es sind vor allem die Weibchen, die zu neuen Ufern aufbrechen. Der Anteil männlicher Migranten beträgt lediglich 20 Prozent.

Heute geben die Amerikaner jedes Jahr über eine Milliarde Dollar im Kampf gegen Kakerlaken aus. Damit billigen sie ihnen zwar noch nicht den Status der Taliban zu, aber die exorbitante Summe zeigt, wie ernst das Problem ist. Doch auch in Amerika geht es anders: Jüngst bot das Museum of Natural History in Houston allen Bewohnern der Stadt 25 Cent für jede abgelieferte Kakerlake, bis 1000 Tierchen zusammengekommen waren. Damit bestückte das Museum die New Brown Hall of Entomology. Reichen 25 Cent aus, um eine gescheiterte Karriere als Investmentbanker zu kompensieren? Jedenfalls soll der Ansturm riesig gewesen sein.

Sogar bis in den Weltraum haben es die Kakerlaken schon geschafft: Ein Forscherteam des Instituts für Biomedizinische Probleme im russischen Woronesch schickte vom 14. bis zum 26. September 2007 eine Kakerlake namens »Nadezhda« (»Hoffnung«) an Bord des Labor-Satelliten Foton-M ins All und machte eine sensationelle Entdeckung: Die Nachkommen der ersten kosmischen Kakerlake, die während des Fluges geboren wurden, wuchsen schneller und wurden größer als ihre irdischen Artgenossen. Dimitry Atyakshin, der das Projekt leitete, erzählte der Nachrichtenagentur *Ria Novost*: »Außerdem konnten sie schneller laufen, hatten mehr Energie und waren deutlich widerstandsfähiger. Die Ergebnisse haben uns sehr überrascht, aber sie waren eindeutig.«

Die nächsten beiden Generationen, die wieder auf der Erde zur Welt kamen, wiesen diese außergewöhnlichen Veränderungen nicht mehr auf. Sie wuchsen und verhielten sich so normal wie andere Kakerlaken auf Erden auch.

470 Kilometer nördlich von Woronesch liegt eine der größten Kakerlakenmetropolen der Welt: Moskau. Ende der 1990er Jahre war dort jedes dritte Privathaus von Kakerlaken befallen, so gut wie jeder Lebensmittelladen und absolut jedes Wohnheim. Besonders die Ritzen in den Plattenbauten der Nachkriegszeit erwiesen sich als sehr kakerlakenfreundlich, und die Stockwerke verbindenden Müllschlucker galten geradezu als kleine Nationalparks für Kakerlaken, bis sie endlich zugemauert wurden.

1989 meldete der Korrespondent der französischen Nachrichtenagentur *AFP*, das Moskauer Hotel Kosmos, 3500 Betten und zwanzig Minuten vom Kreml entfernt, müsse geräumt werden, weil die Kakerlakenpopulation übermächtig geworden sei. Erst nach Tagen und einer groß angelegten Vernichtungsoffensive waren die Zimmer wieder bewohnbar.

Eine der vielen Moskauer Großstadtmythen besagt: Die Kakerlaken schwimmen in den Kanalisationsrohren von Etage zu Etage und kriechen aus dem Toilettenbecken. Aber davon will Nina Alexandrowna Alescho, die am dortigen Wissenschaftlichen Forschungsinstitut für Prophylaktische Toxikologie und Desinfektion arbeitet, nichts hören. »Alles Unsinn«, sagt sie. »Nach zwanzig Minuten unter Wasser fallen sie in Ohnmacht. Die Kakerlake ist kein Unterseeboot, sondern ein offenes System. Das Wasser dringt durch die Ritzen ihres Chitinpanzers und tötet sie.«

Dabei unterschlägt sie freilich, dass es Arten gibt, die es sogar schaffen, bis zu vierzig Minuten ohne Sauerstoff auskommen. Im Übrigen sind Kakerlaken in der Lage, ihre Atemlöcher bei ungünstigen Bedingungen zu verschließen.

Auch im Moskauer U-Bahnsystem machten es sich die Kakerlaken gemütlich – und zwar nicht irgendwelche, sondern die großen Madagaskar Fauchkakerlaken, die Anfang der 90er Jahre, als die Grenzen der ehemaligen UdSSR geöffnet wurden, bevorzugt in manch Moskauer Bürogebäude gehalten wurden – in Terrarien! Diese standen damals überall: in Bars, in Kaufhäusern, in Privatwohnungen und eben in Büros. Vermutlich haben überforderte Putzfrauen oder gelangweilte Besitzer die Tiere irgendwann einfach die Toilette hinuntergespült – oder haben sich die Schaben gar selbst auf den Weg gemacht, weil niemand sie mehr sehen und sich um sie kümmern wollte? Wie auch immer, binnen einiger Jahre wurden sie zu einer Plage für die Moskauer Metro-Angestellten und ihre Fahrgäste. Zahlreiche Kolonien hausten in den Tunneln der Stationen Puschkinskaja, Lubjanka und Twerskaja – im unterirdischen Zentrum von Moskau. Die meisten Häuser in dieser Gegend sind sanierungsbedürftig, und die dort lebenden Bewohner haben längst gelernt, mit den Insekten, die vor allem im Sommer aus der U-Bahn ins Freie und in die Häuser krabbeln, auszukommen. Im Herbst, wenn es langsam kälter wird und ihnen die schlecht beheizten Wohnungen zu ungemütlich werden, ziehen sich die Tiere wieder in die warmen Metro-Tunnel zurück, um zu überwintern. Mit UV-Licht versuchte die Verkehrsbehörde den Eindringlingen zu zeigen, wer der Herr im Tunnel ist. Warum eigentlich? Fauchkakerlaken beißen nicht, übertragen keine Krankheiten und sind vergleichsweise stubenrein.

Im nahe gelegenen Turkmenistan wurde den Zuschauern der beliebten Nachrichtensendung *Watan* eines Abends im Jahre 2008 zur besten Sendezeit ein so ungewöhnlicher wie ungeplanter Auftritt geboten: Vor laufender Kamera krabbelte eine Kakerlake über den Schreibtisch des Sprechers, unbemerkt von ihm und den Studiotechnikern. Während der Sprecher Erbauliches aus dem (angeblich) glücklichen Reich am Kaspischen Meer verlas, überquerte sie die gesamte Länge des Pultes. Ihr Auftritt vor den Augen des Landes dauerte fünf Minuten. Zwei Stunden später wurde die Sendung noch einmal ausgestrahlt – wieder mit Kakerlake. Präsident Berdymuchammedow, bekannt für seine rustikalen Entscheidungen und definitiv kein Fan sechsbeiniger Fernsehdarsteller, sah das Insekt und griff hart durch: Angeekelt von der Darbietung seines Lieblingssenders entließ der gefürchtete Staatschef am nächsten Tag insgesamt dreißig Mitarbeiter – Journalisten, Techniker und Direktoren. Die Kakerlake entkam.

Besonders spannend liest sich der Bericht eines Studenten, der seine Erfahrungen mit Kakerlaken in Tansania im Internet hinterlegt hat: An der University of Dar es Salaam waren in den Schlafräumen, den Duschen, der Mensa, den Bussen, eigentlich an allen Orten, wo es dunkle Ritzen (Türzargen, Verkleidungen von Tischen und Schränken) gab, Kakerlaken zu finden. Als junge Tiere waren sie dort etwa 1 bis 2 Zentimeter lang und durchscheinend, doch als ausgewachsene Tiere erreichten sie stattliche 6 bis 8 Zentimeter, plus die langen braunen Fühler. Eben diese kündigten die Anwesenheit ihrer Besitzer meistens an, etwa in einem Spalt zwischen Wandschrank und Arbeitstisch oder im Holzrahmen der Türen zu den Gemeinschaftsduschen. Irgendwann war der Ekel so stark, dass er eine erfolgreiche Gegenmaßnahme ergriff: Vor dem täglichen Duschbad übergoss er den Rahmen der ausgewählten Dusche mit kochendem Wasser. Die Leichen der Tiere wurden aus den Ritzen gespült und schwammen direkt in den groben Rost in der Mitte der Dusche. Kurzfristig hatte er damit Erfolg, und nach einigen Tagen trieben nur noch gebrühte Jungtiere Richtung Gully. Einmal sprang er während des Frühstücks in der Mensa mit einem lauten Schrei auf und beendete seine Morgenmahlzeit abrupt: An den Blechtischen sitzend, deren Kanten umgebogen waren, hatte er im Augenwinkel eine Bewegung gesehen: Die Fühler einer Kakerlake waren bereits auf Tischhöhe… Die folgenden Mahlzeiten in der Mensa erforderten bei ihm eine gewisse Überwindung, und bis heute kann er seinen Ekel vor den Schaben nicht unterdrücken.

Dabei sind solche Erlebnisse geradezu harmlos gegen das, was einem Studenten in Thailand widerfuhr. Der 23-Jährige schlief auf einer Bus-Nachtfahrt von Khon Kean nach Chiangmai ein und wurde irgendwann rüde geweckt. Eine große Kakerlake steckte in seinem Ohr fest. Bei dem Versuch, sie zu entfernen, erlitt er leichte Blutungen, weil er erst einen Löffelstiel und dann sogar ein Taschenmesser zu Hilfe nahm, um den Eindringling herauszupulen – was ihm erst nach mehrmaligen Versuchen gelang. Geschockt reichte der Mann Beschwerde beim Obersten Gesundheitsamt in Bangkok ein. Mit durchschlagendem Erfolg: Die Behörden ordneten eine landesweite Bus-Reinigungsaktion an. Reisenden wurde empfohlen, bei langen Busfahrten Ohrstöpsel zu tragen oder sich vor dem Schlafen eine Mütze überzuziehen – ein wenig brauchbarer Tipp bei (auch nächtlich) 25 Grad und mehr.

Im Internet finden sich Hunderte solch detaillierter Erlebnisberichte von Touristen. Und die Vokabeln, die sie dabei verwenden, sind immer die gleichen: furchtbar, gruselig, hässlich, ekelhaft, widerlich. Da möchte man ihnen glatt wünschen, sie wären zu Hause geblieben. Allerdings muss man nicht erst nach Dar es Salaam oder Chiangmai reisen, um Kakerlaken in verheerender Konzentration anzutreffen. Auch in deutschen Städten und Gemeinden marschieren sie. Durch Entlüftungsleitungen und Müllschächte, Ritzen und Hohlräume finden sie immer einen Weg. Experten schätzen, dass auf einer einzigen deutschen Mülldeponie etwa eine Milliarde Schaben leben; anders ausgedrückt: bis zu 10 000 Tiere pro Quadratmeter.

Was passiert, wenn die Kakerlaken dieses Schlaraffenland fluchtartig verlassen und in alle Himmelsrichtungen ausschwärmen, musste die Stadt Bernau bei Berlin erleben. An einem sonnigen Morgen im Jahr 2005 wurden die Einwohner von beißendem Gestank geweckt. Von Nordosten her zogen dunkle, stinkende Rauchschwaden über die Stadt, viele Bernauer klagten über Atembeschwerden und Kopfschmerzen. Der Grund war ein Feuer auf der örtlichen Mülldeponie.

Tagelang bekamen die Feuerwehren aus Brandenburg und Berlin die Flammen nicht unter Kontrolle, zumal die Löscharbeiten durch einen weiteren Umstand erschwert wurden: Ständig krochen den Feuerwehrleuten Kakerlaken die Beine hoch. Nach jeder Schicht mussten sie sich ausziehen und mit Wasser abspritzen lassen. Die Anzüge wanderten in die Reinigung. Auch die Fahrzeuge, die das Gelände verließen, wurden vorsorglich mit Insektiziden behandelt, damit sie keine Kakerlaken – oder deren Eier – exportierten.

Die Anwohner spuckten Gift und Galle. Ein Mann, der in unmittelbarer Nachbarschaft der Deponie wohnt, sagte, die Zahl der Kakerlaken auf seinem Grundstück habe sich seit Ausbruch des Feuers verzehnfacht. Das Ungeziefer krabbele in seiner Mülltonne, über die Terrasse, im Hundezwinger und im Schuppen. Dreimal alarmierte er den Kammerjäger. Der kam gleich mehrmals, blieb aber erfolglos; wenige Tage nach seinen Bemühungen steckten die ersten Tiere wieder vorsichtig den Kopf aus der Deckung.

Auch anderswo in Deutschland explodiert die Population manchmal über Nacht. Millionen Kakerlaken versetzten 2005 die 16 000 Einwohner im niedersächsischen Damme in Angst und Schrecken. »Wir haben die höchste Kakerlakendichte West-Europas«, sagte Dr. Hanns Rüdiger Röttgers, Chef des Gesundheitsamtes im Landkreis Vechta. »Ganze Heerscharen wandern sogar tagsüber von Haus zu Haus.« Vize-Bürgermeister Gerd Muhle fügte entnervt hinzu: »Jede fünfte von insgesamt 1500 Wohnungen und Betriebsstätten ist von den Kakerlaken befallen.«

Der Grund: In den Ställen vieler Schweinezüchter, die sich im Umkreis der Stadt angesiedelt haben, finden die Kakerlaken ideale Bedingungen. Dort ist es auch im Winter warm, und es gibt Unmengen Mist zu fressen. Die Betreiber der Zuchtfarmen und die Landwirte wurden damals beschimpft, sie seien nicht konsequent gegen die Invasion vorgegangen und hätten sich eine zweite Giftaktion erspart, mit der auch die nächste Kakerlaken-Generation ausgemerzt worden wäre.

1993 drohte das Uni-Center in Köln, von Kakerlaken erobert zu werden. Um die kleinen Biester aus dem Betonbunker, in dem Volker Schlöndorff einst *Die verlorene Ehre der Katharina Blum* gedreht hatte, zu vertreiben, hätten beinahe alle 4000 Bewohner des damals größten Wohnhauses Europas (138 Meter hoch, 45 Stockwerke) evakuiert werden müssen. Die Kakerlaken klebten zerquetscht in Elektrorasierern, schwammen in Klobecken, verstopften Staubsauger, pappten in Marmeladengläsern und krochen den Bewohner des Nachts über Gesicht und Hände. Ein Mieter erinnerte sich mit Grausen an den Jahreswechsel 1992/93. Mit seiner Frau und ein paar Freunden wollte er beschwingt Silvester feiern, doch zahlreiche Schaben fanden den Weg in die Kiwi-Bowle. Die Gäste liefen schreiend von dannen.

Die eilig herbeigerufenen Kammerjäger nebelten ausnahmslos alle Wohnungen des Uni-Centers ein. Noch Tage später sollen Wellensittiche tot von der Stange gefallen sein. Trotzdem waren die Kakerlaken nach sechs Wochen wieder da. Und als die Bewohner auch noch herausfanden, wie viele Nachkommen ein Kakerlakenweibchen in seinem wenige Monate währenden Erdendasein zeugen kann, verloren sie jeden Elan im Vernichtungskampf gegen die Tiere. Viele zogen aus. Seit

Jahren haben die Kammerjäger die Population allerdings offenbar bestens unter Kontrolle, denn von weiteren dortigen Großoffensiven durch Schaben ist nichts bekannt.

Im Januar 2010 feuerte die Lufthansa-Tochter LSG Sky Chefs zwei führende Mitarbeiter in Denver, nachdem bei einer routinemäßigen Kontrolle der US-Überwachungsbehörde für Lebens- und Arzneimittel (FDA) lebende Kakerlaken im Fertigungsbereich einer Sky-Chef-Fabrik entdeckt worden waren. Allein in der Besteckabteilung sollen die Kontrolleure vierzig Tiere aufgestöbert haben.

Nach dem Fund einer toten Kakerlake im Kantinenessen des israelischen Parlaments wurde das Abgeordnetenrestaurant vorübergehend geschlossen. Das Insekt sei – gut durchgegart – zum Ekel der Politiker mit einem Fleischgericht serviert worden, schrieb die Zeitung Jediot Ahronot im Juni 2009. Nach Beschwerden ultraorthodoxer Parlamentarier erkannte der Vertreter des für die Knesset zuständigen Rabbinats dem Restaurant umgehend das Koscher-Zertifikat ab. Laut jüdischer Hygienevorschriften stellen Küchenkakerlaken nämlich einen gravierenden Verstoß gegen die traditionellen Hygienevorschriften dar: Gläubige Juden dürfen Insekten auf keinen Fall verzehren, denn nach ihrer Religion sind Insekten grundsätzlich nicht koscher.

Zur Sommerzeit füllen viele Zeitungen den Platz ihrer Ratgeberseiten gern mit Hinweisen zu möglichen

Reisemängeln und empfehlen, welche Entschädigung sie dafür einfordern sollten. Natürlich sind Kakerlaken im Hotelzimmer ein probater Grund, den Reisepreis im Nachhinein zu drücken. Gelingt es der Hotelleitung nicht, das Ungeziefer zu beseitigen, sei eine Preisminderung um 15 Prozent angebracht. In diesem Fall hatte eine Familie eine Pauschalreise nach Málaga in Spanien gebucht. In beiden Hotelzimmern gab es »eine erhebliche Zahl« von Ameisen und Kakerlaken. Die Familie klagte auf 25 Prozent Minderung des Reisepreises. Das Gericht gab den Klägern zwar prinzipiell Recht, hielt diese Forderung allerdings für zu hoch. Gut möglich übrigens, dass die Familie an den Schuhsohlen unwissentlich und zu allem Überfluss auch noch Kakerlaken-Ootheken in die Heimat mitschleppte, was die Wohnung wenig später außergewöhnlich belebt haben dürfte …

In den Tropen gibt es ein Sprichwort: »Man bekommt Kakerlaken erst dann auch tagsüber zu sehen, wenn es bereits so viele sind, dass Platznot in sämtlichen dunklen Ecken herrscht.« Wer allerdings kein einziges Exemplar in seinem Hotelzimmer findet, sollte vorsichtshalber ausziehen und den Pestizid-Spiegel in seinem Blut bestimmen lassen. Denn in vielen Hotels und Ressorts gehört es heute zur Routine, große Giftmengen zu versprühen, weil sich die meisten Touristen wohl eher vergiften lassen, als ihre Unterkunft mit ein paar Kakerlaken zu teilen.

Dr. Detlef Gasche weiß, wie es kakerlakentechnisch in den Tropen zugeht – deshalb will er immer wieder hin. Er ist einer der wenigen Menschen, die sich rühmen dürfen, dass eine Kakerlakenart nach ihnen benannt wurde. Ob es erstrebenswert ist, auf diese Weise Berühmtheit zu erlangen, will er nicht kommentieren, aber er macht kein Hehl daraus, dass ihm die Ehre schmeichelt.

Der Tierarzt wohnt tief im Osten Deutschlands, im brandenburgischen Jacobsdorf bei Frankfurt an der Oder, nahe der Eisenbahnlinie, die Berlin mit Polen verbindet. Hier teilt er sich mit seiner Tochter, deren Gottesanbeterin (lebend) und seinen Kakerlaken (tot) eine Villa.

»Mit acht Jahren, im Biologieunterricht«, erzählt er bei Kaffee und Butterkuchen, »merkte ich, dass Insekten mich magisch anzogen.« Fasziniert von den winzigen Lebewesen, trat er früh dem Kulturbund bei, Fachgruppe Entomologie. Zu diesem DDR-Stammtisch der besonderen Art brachte jeder Teilnehmer (viele waren es nicht) sein Wissen und frisch gefangene Studienobjekte mit.

»Die meisten von uns stürzten sich auf Käfer und Schmetterlinge. Die sind schön bunt und was zum Herzeigen. Aber wissenschaftlich weiter bringt nur das, was kaum einer macht.« Zuerst konzentrierte sich Gasche auf Fliegen – zehn Jahre lang; die Erforschung der Dipteren (Zweiflügler) wurde zum Kern seiner Dissertation zum Doktor Veterinariae. Dann war es mit den Fliegen vorbei, und er wurde noch spezieller: Die Kakerlaken traten in sein Leben.

Seither gehört Gasche selbst unter Insektensammlern zu den Exoten. Denn von den rund 1300 registrierten Sammlern des Internationalen Entomologischen Vereins in Frankfurt am Main, dessen Mitglied er heute ist, beschäftigt sich nur ein Bruchteil mit Kakerlaken. Und innerhalb dieser verschworenen Gemeinschaft hat ihm ein einziger Fund hohes Ansehen verschafft.

Schon früh investierte er sein Geld in aufwendige Entdeckungsreisen, etwa nach Kenia, Indonesien, Australien, Peru, China, Rumänien, Usbekistan, Mauritius – eben überallhin, wo er mit spektakulären Trophäen rechnen konnte. Allein aus Venezuela brachte er zehn verschiedene Kakerlaken-Arten mit.

»Ich rauche nicht, ich trinke nicht, ich lüge nicht, und ich halte nichts von fremden Frauen. Mein Geld geht allein für die Forschung drauf«, sagt er und gerät in Entzücken, als er seinen Friedhof der besonderen Art präsentiert: eine stattliche Sammlung von Kakerlaken, alle unter Glas in zwanzig Schaukästen, insgesamt zwischen 2000 und 3000 Tiere, Schublade um Schublade luft- und wasserdicht verschlossen, in militärischer Ordnung auf Stecknadeln gepfählt, jede Einzelne versehen mit einem Schildchen, worauf ihr klingender Name und ihre Herkunft stehen.

»Die Kleinen müssen zwei bis drei Wochen trocknen, die ganz Kleinen hingegen werden so, wie sie sind, auf die Pappen geklebt. Die Großen enthalten viel Fett, sie werden erst aufgeschnitten, mit einer Pinzette ausgeräumt und dann mit Zellstoff wieder aufgefüllt.«

Aus dem Hochgebirge von Tadschikistan brachte Gasche 1984 ein ungeflügeltes Exemplar mit, das er noch nie gesehen hatte. Zu Hause schmökerte er seine Fachlektüre durch und suchte nach einem Hinweis auf das ungewöhnliche Fundstück – vergebens. Deshalb schickte er sein unidentifizierbares totes Mitbringsel an den Experten Kurt Harz nach Erlangen – eine erstklassige Adresse, wenn es um Kakerlakenkunde großen Stils geht. Die Versendung war mühevoll und wäre beinahe gescheitert, denn damals lag Jacobsdorf noch in der DDR.

Was Gasche insgeheim hoffte, wurde wahr: Er hatte eine sensationelle Entdeckung gemacht. Die Kakerlake, seine Kakerlake, gehörte einer bis dahin unbekannten Art an. Kurt Harz benannte sie kurzerhand nach seinem Entdecker, und seither ist sie in der wissenschaftlichen Literatur als »Tartaroblatta 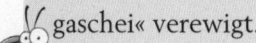gaschei« verewigt.

Überleben als Prinzip

Ein Lob den Reflexen

Die Kakerlake bringt alle Voraussetzungen mit, um als blondes Dummchen in einer Telenovela aufzutreten: Sie kann wenig, weiß selten etwas und kapiert nichts. Aber kaum ein anderes Lebewesen hat das Grundprinzip des Lebens – sich zu vermehren – so radikal verwirklicht wie sie. Übertroffen wird sie dabei nur von wenigen, etwa von den Viren. Wenn man den Erfolg eines Lebewesens danach bemisst, wie viele Exemplare davon existieren, dann gehen diese als eindeutige Sieger vom Feld. Von keinem anderen Wesen gibt es eine derart große Anzahl auf unserem Planeten. Viren haben keinen Stoffwechsel, sie bewegen sich nicht, sie fressen nicht. Ihr einziges Ziel ist es, Nachkommen hervorzubringen. Sie sind zehnmal häufiger als Bakterien. Das Magazin *GEO* hat ausgerechnet: »Wäre ein winziger Viruspartikel so groß wie ein Sandkorn, dann würden alle Viren (geschätzte 100 Millionen Typen soll es geben, darunter Pocken und Polio) die komplette Erdoberfläche mit einer rund 15 Kilometer dicken Sandschicht bedecken.« Ein Grippevirus misst aber zum Glück nur etwa 0,12 Tausendstel Millimeter und ist damit guter Durchschnitt.

Mensch und Kakerlake begegneten sich zum ersten Mal vor ungefähr zwei Millionen Jahren. Ein Glücksfall für die robusten Insekten, für uns Menschen ein ausdauerndes Desaster. Zu keinem anderen Tier pflegen wir eine so zwiespältige Beziehung. Wir halten sie für Außenseiter. Aber sie sind Teil unserer Gesellschaft. Eine Begegnung mit den kleinen Fressern kann jedoch zuweilen ungeheuerliche Ausmaße annehmen. So etwa im Sommer 1979, als Schenectady, eine Stadt am Mohawk River im US-Bundesstaat New York, schier Grauenvolles erlebte:

Ein Mann hatte bei der Polizei angerufen, weil die Hunde seiner Nachbarin seit Stunden wie wild bellten. Als sich die beiden Polizisten nun dem Haus näherten, in welchem die 64-jährige Witwe mit 24 Hunden und 22 Katzen lebte, waren sie kein bisschen auf das vorbereitet, was sie erwartete: eine schwarze Masse. Kakerlaken! Die Tiere strömten die Fenster und Außenwände des Hauses herunter, regneten von den Bäumen im Garten, ergossen sich in einem Riesenschwall auf die Straße. Auch im Haus: Kakerlaken überall. Eine ganze Armee von ihnen tummelte sich auf dem Fußboden, an den Wänden, auf den Möbeln, an der Decke. Alles war schwarz. Frau, Hunde und Katzen lebten, waren aber übersät mit Kakerlaken-Bissen.

Als sich die beiden Polizisten von ihrem Schock erholt hatten, schrieben sie unfreiwillig komisch in ihr Protokoll: »Es müssen mehr als eine Million Tiere gewesen sein, die sich der Festnahme widersetzten.«

Mehr Schaben, als zwei Fußballmannschaften in einem Spiel zertreten könnten …

In gewaltigen Wellen flüchteten die Tiere nach dem Öffnen der Haustüre nach draußen und verstreuten sich in die umliegenden Viertel. Niemand sah sie je wieder. Jedenfalls nicht zusammen. Bis heute gelten die Invasoren von Schenectady als die größte je in einem Haushalt entdeckte Kakerlakenpopulation.

Vielleicht haben es einige Nachkommen der damaligen Hausbesetzer bis nach Washington geschafft, denn in den 90er Jahren wurde das Pentagon Jahr für Jahr von einem Riesenheer Kakerlaken besetzt. Das Pentagon, in dem sich das Verteidigungsministerium der USA befindet, ist eines der größten (wenn auch nicht höchsten) und sichersten Gebäude der Welt – jedoch nicht sicher genug, um die gerissenen Eindringlinge fernzuhalten. In allen Etagen nisteten sie sich ein, obwohl mehrere hunderttausend Dollar pro Jahr bereitgestellt wurden, um sie genau daran zu hindern. Die Waffen der Atommacht versagten auf ganzer Linie.

Welch ein Sieg für die winzigen Krabbler! Wieder einmal hatten sie es den Menschen gezeigt. Ihre Botschaft war simpel: Wir kommen überallhin. Und wenn wir bleiben wollen, bleiben wir. Wenn's uns gefällt, auch für immer. Und ihr könnt nichts dagegen tun.

Am liebsten bleiben sie, wo ihre Vorzugstemperatur von deutlich mehr als zwanzig Grad herrscht. Die Erfindung der Fernwärme und der Zentralheizung war im Hinblick auf den Erhalt der großen Familie der Kakerlaken ganz sicher die wichtigste der letzten hundert Jahre. Denn seitdem wird geheizt, dass sich die Kakerlaken selbst in Flensburg in den Tropen wähnen …

In einem alten Sprichwort heißt es: »Wenn der Himmel einstürzt, sind alle Vögel tot.« Das mag stimmen und gilt zweifellos für fast alles, was über und unter der Erde lebt. Nicht aber für die Kakerlake. Ihren unerbittlichen Überlebenswillen hat sie in der Vergangenheit dutzendfach demonstriert. An allen Widerständen ist sie gewachsen, gegen alle Unbill hat sie sich durchgesetzt, aus allen naturbedingten Katastrophen ging sie als Sieger hervor. Denn Emotionen wie Angst, Ärger und Glück sind ihr fremd. Sie kennt nur Reflexe. Deshalb wird sie auch in Zukunft nicht auf der Liste der bedrohten Arten landen.

Ihre Kritiker könnten argumentieren, Kakerlaken hätten einen beschränkten Horizont und nähmen gern geistige Abkürzungen. Doch wenn das die Gewähr dafür ist, dass man auf der Erde ein längeres Aufenthaltsrecht genießt, ist es eine sinnvolle Option – solange moralische Erwägungen keine Rolle spielen. Und so kann sich die Schabe relativ skrupellos die Krone des ultimativen Survivors aufsetzen.

Die Kakerlake überstand alle Schicksalstreffer, die die Erde heimsuchten, darunter auch den bisher größten bekannten Vulkanausbruch: Als 1883 die Vulkaninsel Krakatau, gelegen zwischen den indonesischen Inseln Java und Sumatra, explodierte, wurde eine Sprengkraft von 200 bis 2000 Megatonnen TNT freigesetzt. Das entspricht dem 10000- bis 100000-Fachen der Hiroshima-Bombe. Die Detonation war so laut, dass man sie bis nach Australien und auf der 4800 Kilometer entfernten Insel Rodrigues bei Mauritius hörte. Monatelang schob sich ein Dunstschleier vor die Sonne, und zwar rund um den Globus; er färbte ihre Strahlen orange-rot. Der norwegische Maler Edward Munch, der in jener Zeit lebte, soll dieses Licht in sein berühmtes Bild *Der Schrei* eingearbeitet haben.

Wenige Monate nach der Eruption wagten sich die ersten Fischer in die Nähe des Krakatau – beziehungsweise dessen, was davon übrig war. Und was erspähten sie auf den nahe gelegenen Inseln? Kakerlaken. Und wenig mehr sonst.

Lange vor dem Krakatau-Ausbruch war es auf der Erde aber noch weit dramatischer zugegangen: Mit einem gewaltigen Asteroideneinschlag auf der mexikanischen Halbinsel Yucatan (Chicxulub-Krater) wurden vor 65 Millionen Jahren die Dinosaurier hinweggefegt. Nicht so die Kakerlaken. Diese hatten schließlich schon am Übergang des Erdzeitalters Perm zum Trias, vor 250 Millionen Jahren, eine Verheerung unseres Planeten überlebt. Die Ursache dieser Katastrophe wird unter Geowissenschaftlern heftig diskutiert, jedoch verdichten sich die Hinweise, dass damals ein Meteoriteneinschlag ein weltweites Massensterben ausgelöst hat. Dieser vermutlich folgenschwerste Impact der Geschichte traf die Erde ungefähr 200 Kilometer vor der Nordwestküste Australiens (Bedout-Krater); jedenfalls fanden Professor Asish Basuh von der University Rochester und sein Team in Felsbrocken aus der Antarktis Trümmerstücke, die dem eingeschlagenen Himmelskörper zugeordnet werden. Andere Forschungen gehen von einem abweichenden Szenario aus: Im heutigen Sibirien soll damals ein gigantischer Vulkan ausgebrochen sein und dabei Millionen Kubikmeter Magma ausgestoßen haben. Aschewolken verdunkelten den Himmel, giftiger Regen verseuchte die Pflanzen, die Luft heizte sich auf, und der Sauerstoffgehalt fiel von 30 auf 16 Prozent.

Was immer auch der Anlass war, er löste die größte Aussterbewelle der Erdgeschichte aus: In den Meeren krepierten Milliarden Korallen, Seelilien und Schwämme. Auf dem Land, wo zuvor Urwälder gediehen, trieben heiße Winde riesige Sanddünen vor sich her. Der Ur-Kontinent Pangaea verwandelte sich in eine Wüste.

Die Weichen des Lebens wurden neu gestellt. Nach einhelliger Expertenmeinung rafften die klimatischen Folgen des Infernos 95 Prozent aller Arten dahin: Meereslebewesen ebenso wie Pflanzen, Insekten und Wirbeltiere.

Rund um den Globus wurden später fossilienarme Gesteinsschichten gefunden, die auf weitere globale Katastrophen schließen lassen. Diese müssen sich demnach vor 440, 365 und 210 Millionen Jahren ereignet haben. Bei keiner dieser Todeswellen steht der Urheber zweifelsfrei fest.

Nicht zuletzt mittels solcher Katastrophen erzeugt

die Natur Unsinn in rauen Mengen. Wie sonst wäre zu erklären, dass nicht nur das Starke, Rücksichtslose und Listige begünstigt wird, sondern auch das Tumbe, Einfältige und Nutzlose, das sich tollkühn und verzweifelt seinen Platz errungen hat – wie eben die Kakerlake? Im Nachhinein betrachtet, kann man jedenfalls sagen: Ganz gleich, was das jeweilige Massensterben ausgelöst hat – ob nun Asteroideneinschläge, Vulkanausbrüche, Eiszeiten –, jedes Mal hat sich die Natur vergleichsweise rasch wieder erholt. Und die wenigen Überlebenden haben stets vielfältige Nachkommen hervorgebracht.

Ein großes Handikap im Kampf gegen die Ausrottung könnte die geringe Produktionsrate einer Art sein: Tiere mit wenigen Nachkommen in womöglich großen Abständen haben es schwer, Verluste durch Krankheiten oder Naturkatastrophen auszugleichen. Eindeutig besser dran sind jene, die Nachwuchs in Massen produzieren und schnell wieder den alten Populationsstand erreichen. Ein Segen für die vermehrungsfreudige Kakerlake, die noch weitere Vorteile auf die Waagschale des (Über-)Lebens werfen kann: Anders als der Koala, dessen Ende besiegelt wäre, wenn seine Nahrungsquelle, der Eukalyptusbaum mit seinen Blättern, versiegen würde, zählt sie zu den Generalisten: Sie toleriert ein breites Spektrum an Umweltbedingungen und ist einfach nicht totzukriegen.

Und: Aufgefressen werden ist in der Tierwelt die häufigste Todesursache, doch irgendwie hat es die Kakerlake mit äußerstem Raffinement geschafft, sich aus dem mörderischen Schauspiel der Nahrungskette herauszuhalten – ein fettes Plus im Evolutionswirrwarr. Die Erhabenheit ihrer Schöpfung zu preisen fällt trotzdem nicht leicht ...

Paläontologen können stets nur spekulieren, weshalb bestimmte Spezies, ja, ganze Organismengruppen, die eine oder die andere Katastrophe der Weltgeschichte nicht überlebt haben, während andere fidel fortdauerten. Denn letztlich haben Tiere wie Pflanzen ihre Spuren – wenn überhaupt – nur im Gestein hinterlassen. Nach derzeitigem Forschungsstand lässt sich vieles beantworten, aber eben nicht alles, trotz der bewundernswerten Arbeit von Generationen von Molekularbiologen und Chemikern, Genetikern, Geologen und Zoologen, Paläontologen und Biologen, die durch ihr Wirken und Werkeln ein Panorama früher Zeitalter entwarfen, auf das sich die moderne Forschung stützen kann.

Von den Milliarden Tier- und Pflanzenarten, die auf der Erde gelebt haben, hat kaum eine die gesamte Erdgeschichte überstanden. 99,9 Prozent aller Arten sind ausgestorben, viele sang- und klanglos, andere in massiven Sterbewellen, die – geologisch gesehen – innerhalb kurzer Zeit nicht nur eine Art von der Erde tilgten, sondern gleich Tausende.

Als nahezu sicher gilt, dass vor allem jene Spezies den Verheerungen trotzen konnten, die zufällig bessere Voraussetzungen mitbrachten – erstaunlicherweise oft

Tiergruppen, die zuvor im Schatten anderer Arten gestanden hatten.

Zu den Profiteuren sämtlicher Krisen gehörte die Kakerlake: Katastrophen verhalfen ihr stets zu neuer Blüte. Wahrscheinlich saß sie nach jedem Desaster, das sie verschont hatte, quasi am Lagerfeuer und sang »Kumbayah«. Mit Nonchalance steckte sie die schwersten Schocks der Erde weg und begann sogleich, ihre Art weiter aufzurüsten. Evolutionsbiologen gehen davon aus, dass schwere Katastrophen die Zuchtwahl beschleunigt haben, und dank ihres überlegenen Talents gehörte die Kakerlake stets zu den Siegern. Zwar kann man nicht gerade behaupten, dass sie sich nach oben entwickelt hat – allenfalls erhalten hat sie sich. Trotzdem: Sie muss uns imponieren. Denn ihre Resilienz ist enorm. Nach jahrelangen Atomtests auf den Bikini-Atollen gab es dort zu Lande, zu Wasser und in der Luft keine Tiere mehr – außer Kakerlaken. Angeblich vertragen sie eine zehnmal so hohe Dosis Gamma-Strahlen wie der Mensch. Das lässt auf eine Strahlenkatastrophe in der Erdvergangenheit schließen. Aber wie hat sie das geschafft?

Die Antwort liegt im Evolutionsprinzip: Jedes Lebewesen trägt eine genverschlüsselte Chronik aller Krisen in sich, die seine Vorfahren überstanden haben. Je mehr Katastrophen eine Lebensform meistert, desto größer ist die Wahrscheinlichkeit, dass sie auch kommende Gefahren überleben wird. Anders ausgedrückt: Die Kakerlake hat die begrenzte Zellmasse (Hardware) ihres

Körpers über Jahrmillionen derart mit Überlebens-
mechanismen (Software) aufgepumpt, dass man sich
fragen könnte: Ist ihr ganzer Körper eine Art Computer, programmiert nur auf das Eine: zu überleben?

Doch Kakerlaken sind auch deshalb so erfolgreich,
weil sie in Gruppen und nicht als Einzeltiere leben.
Herdentiere entwickeln eine kollektive Intelligenz – das
ist ein wichtiger Schlüssel für ihren Erfolg. Wer zusam-
menhält, wird stark. Herdentiere verändern ihre individuellen Vorlieben und gehen dorthin, wo sich ihre
Artgenossen befinden. So treffen sie optimale Entscheidungen im Hinblick auf die Wechselbeziehung
zwischen Tier und Umwelt.

Auf dem Gebiet des Immunsystems hat die Kakerlake letztlich alle anderen Insekten übertroffen. Ein
paar Beispiele gefällig?

Eine deutsche Tageszeitung meldete in ihrem Lokal-
teil, eine Kakerlake sei auf einer Pizza gefunden worden, die gerade in der Mikrowelle gebacken worden
war. Die Pizza war heiß und kross, die Kakerlake putz-
munter und unversehrt. Natürlich war auch ein bisschen Glück im Spiel, weil sie sich offenbar am Rand
des sich drehenden Tellers befunden und somit nicht
im Focus der elektromagnetischen Strahlung gestanden
hatte. Hätte sich das Tier in der Mitte aufgehalten, wäre
es explodiert. Ganz unzerstörbar sind sie halt doch
nicht.

Aber fast: Sogar extremes radioaktives Strahlenbom-
bardement vermag die kleinen Kriecher nicht ohne

Weiteres zu killen. Sie halten mehr und länger aus, was andere, wenn nicht sofort, so doch nach kürzester Zeit umbringen würde. Amerikanische Militärs haben getestet, dass ein Pferd stirbt, wenn es einer radioaktiven Strahlendosis von 35 Gray ausgesetzt wird (ein Gray bedeutet, dass die Energie von einem Joule an ein Kilo eines bestimmten Stoffes abgegeben wird). Menschliche Zellen würden vermutlich schon bei drei Gray folgenschwer geschädigt, die letale Dosis liegt bei einer Verstrahlung mit 4,5 Gray über dreißig Tage. Im Labor wurde die Deutsche Kakerlake einer noch extremeren Dosis ausgesetzt: Sie überlebten sogar 64 Gray; 96 Gray standen sie zwar kaum länger als 35 Tage durch, doch immerhin blieb ihnen noch jede Menge Zeit, ihre Eipakete auszuklinken – das tun sie immer, wenn sie wissen, dass sie bald sterben werden. Oft geschieht das innerhalb weniger Minuten, manchmal binnen Sekunden. Selbst post mortem können sie sich fortpflanzen, indem sie noch im Tod ihr Eipaket ablegen und damit sicherstellen, dass eine weitere Generation an den Start gehen kann.

Dank ihrer genetischen Struktur und der Reparaturmechanismen in ihren Zellen haben die Kakerlaken im August 1945 auch die Atombomben auf Hiroshima und Nagasaki überstanden, während 93 000 Menschen sofort und 130 000 Menschen an den Folgen starben. Ja, selbst wenn man einer Schabe den Kopf abschnitte, würde sie noch einige Tage weiterleben. Der Tod träte durch Verhungern und Verdursten ein, nicht aufgrund der schweren Verletzung.

In ihrer enormen Robustheit wird die Kakerlake nur von wenigen Lebewesen übertroffen, zum Beispiel von der Mikrobe Deinococcus radiodurans, die es als widerstandsfähigstes Lebewesen zu einem Eintrag ins Guinness-Buch der Rekorde gebracht hat. Das Bakterium, das eine rosa Farbe hat und nach verfaultem Kohl riecht, übersteht schadlos eine radioaktive Strahlung von 15 000 Gray Auch die Drosophila-Fliege ist radioaktiv gesehen noch härter im Nehmen als die Kakerlake.

Bei allen bewunderswerten Eigenschaften: Ein Plagegeist bleibt die Kakerlake leider dennoch. Viel hat sich der Mensch daher über die Jahrhunderte ausgedacht, um sie sich vom Hals zu schaffen. Fast alles misslang. Egal, was die Chemiekonzerne an Pasten und Pudern und Kampfgasen auf den Markt warfen, spätestens nach sechs bis zehn Generationen hatten die Kakerlaken den Bogen raus und wurden immun gegen das Zeug, das sie töten sollte.

Der Trick ist einfach: Die enorme Fortpflanzungsrate von Kakerlaken führt dazu, dass sich immer mal wieder Mutationen einstellen, mit denen sich auch die modernste Giftbehandlung überleben lässt. Umgehend bilden sie Abwehrstoffe und trotzen dann den nächsten Attacken mit besagtem Gift.

Auf Leben und Tod

*Die Kakerlake im Duell mit Mensch
und anderem Getier*

Ein paar Blicke in die Annalen der Weltgeschichte beweisen den aussichtlosen Kampf des Menschen gegen die Kakerlaken. Unweigerlich stößt man auf den englischen Freibeuter und Entdecker Sir Francis Drake (1540–1596), berühmt geworden durch seine waghalsigen Kaperfahrten gegen die spanische Flotte. Nachdem er wieder einmal eines ihrer Schiffe aufgebracht hatte, schrieb er in sein Logbuch: »Sämtliche Decks sind von Kakerlaken überlaufen.« Sein Landsmann Kapitän William Bligh (1754–1817), der später durch die Meuterei auf der Bounty zu zweifelhaftem Welt- und Filmruhm gelangte, bekämpfte auf seiner Südsee-Expedition 1789 die Kakerlaken an Bord mit kochendem Wasser, das er von seinen Matrosen regelmäßig kübelweise in die Ritzen und Löcher der Planken schütten ließ. Zwar hinderten diese Aktionen die Tiere daran, sich auszubreiten, doch waren sie keineswegs geeignet, die blinden Passagiere auszulöschen. Diese fielen weiter über den Proviant her, der meist aus Pökelfleisch und Hartbrot, Sauerkraut und Obst bestand. Man darf vermuten, dass die Tiere während dieser Reise auch die eine oder andere Krankheit übertrugen, doch zu jener Zeit wusste noch niemand, dass die Kakerlake ein Infektionsträger sein kann.

In den Spelunken der Häfen, in denen die Matrosen der transatlantischen Schifffahrt landeten, erzählten sie einander Schauergeschichten von Kakerlaken, die ihnen oder ihren Freunden des Nachts Finger- und Zehennägel angenagt und die Hornhaut bis aufs Fleisch abgeraspelt hatten, ganz abgesehen von winzigen Bisswunden an allen zugänglichen Körperstellen, die sich binnen kürzester Zeit in eiternde Ekzeme verwandelten.

Das Britische Museum in London empfahl zur Kakerlakenabwehr, kleine Schälchen mit einer Mischung aus Bier und Sirup aufzustellen. Das Bier zog die Kakerlaken an, der Sirup hielt sie fest.

Ein über die Jahrhunderte erprobtes Hausmittel ist auch die Schale der Salatgurke: Sie enthält Bitterstoffe (Cucurbitacine), die für Kakerlaken eine tödliche Wirkung habe. Ein weiteres Antikakerlakenrezept besteht aus gemahlenem Kaffee, Borax und Zucker, zu gleichen Teilen gemischt und in flachen Schalen serviert. Diese Mischung sorgt angeblich dafür, dass die Kakerlaken nach dem Verzehr platzen. Es dauert eine Weile, ehe die Wirkung eintritt, aber Kenner behaupten, nach spätestens zwei Wochen seien die Kakerlaken verschwunden. Bewiesen ist das allerdings nicht. Es ist ohnehin kaum zu glauben: Ausgerechnet Gurken, Bier, Borax und Zucker sollen das schaffen, was unaussprechlichen Killer-Chemikalien nicht gelingt?

Russische Bauern wiederum wissen seit jeher: Kälte killt Kakerlaken garantiert. Das machen sie sich zunutze. Seit Jahrhunderten leben sie mit Kakerlaken praktisch in einer Zugewinngemeinschaft: Ist die Ernte reich, profitieren die krabbelnden Mitbewohner davon – aber nicht sehr lange. Höchstens ein paar Wochen im Herbst geht es ihnen richtig gut. Dann kommt der Winter, schnell und unerbittlich. Geduldig harren die Bauern aus und warten, bis die Temperaturen eisig sind. Tut die Kälte endlich so weh, dass man glaubt, die Nase platze einem ab, machen sie eines Abends sämtliche Türen und Fenster ihrer Hütten sperrangelweit auf und übernachten bei den Nachbarn. Am nächsten Morgen kehren sie in ihr Zuhause zurück, wo die schockgefrorenen Kakerlaken oft zu Hunderten herumliegen, und schieben die Leichenberge mit dem Besen vor die Tür.

Auch eine Deponie voller Säuren und Schwermetalle bedeutet für die Kakerlake ein Leistungstraining in Sachen Giftresistenz: Ob Diazinon, Pyrethrin, Pyrethroide, Hydramethylnon, Fipronil, Abamectin oder Propoxus, die Kakerlake schert es nicht.

Generationen anderer Insekten fressen sich an immer neuen Giftködern wie Combat zu Tode oder sterben an einer Sporenart namens Metarhizium anisopliae, die den Chitin-Panzer zerfrisst. Die Kakerlake aber lebt weiter. Wenn wir sie in unserer Wohnung zum Beispiel mit Pyrethroiden und Amidinohydrazon attackieren, taucht sie nach Wochen – Mensch und Kanarienvogel husten noch immer – mit reichlich Verstärkung wieder auf.

Die unverzüglich aufgebaute Resistenz gegen die Chemikalien lässt allerdings nach acht bis zehn Jahren nach. Dann könnte der Zyklus der Abwehrmaßnahmen zwar wieder mit denselben Giften beginnen, doch die sind inzwischen, weil unwirksam geworden, aus der Mode gekommen.

Mit einem subtileren Gegner als dem Menschen hat die Amerikanische Großkakerlake zu kämpfen: der Juwelwespe (Ampulex compressa). Jahrtausendelang muss das blaugrün schimmernde Tier ihr Opfer genau studiert haben, um einen so abscheulichen wie genialen Plan zu entwickeln. Die werdende Wespen-Mutter, erheblich kleiner als die Kakerlake, auf die sie es abgesehen hat, sticht in den Thorax der Kakerlake, genaugenommen in die Brustnervenknoten, um deren Vorderbeine zu betäuben. Sie tötet ihr Opfer also nicht, sondern will es nur gefügig machen. Was dann folgt, ist eine verheerende Gehirnoperation: Mit Sensoren an ihren Stachelspitzen fahndet sie nach einer Schaltstelle im Gehirn der Kakerlake und injiziert ein Quäntchen Gift in das Protocerebrum – jene Region, in welcher der Fluchtreflex ausgelöst wird. Das Gift hemmt die Produktion des für Flucht und Kampf wichtigen Neurotransmitters Octopamin und veranlasst die Kakerlake, sich zu putzen, während ihr natürlicher Bewegungsdrang erlischt. Sie wird zu einem Insekten-Zombie. Klingt nach einem B-Movie, ist aber absolut blockbustertauglich. Nach 30 Minuten steht die Kakerlake zwar wieder auf den Beinen, und kann auch wieder laufen, tut es jedoch nicht. Die Wespe hat ihr Entscheidungszentrum lahmgelegt.

Und dann? »Die Wespe packt die Kakerlake an einer Antenne und führt sie wie einen Hund an der Leine in ihr Nest«, erklärt Frederic Libersat, Wissenschaftler an der Ben-Gurion-Universität der Negev in Israel, der dieses Phänomen jahrelang erforscht und seine Experimente und deren Ergebnisse im *Journal of Experimental Biology* veröffentlicht hat. »Würde die Wespe sie sofort töten, wäre die Kakerlake schon nach 24 Stunden verwest und damit unbrauchbar.« Stattdessen legt die Wespe in der Höhle ihr Ei, klebt es der paralysierten Kakerlake an den Panzer und verschwindet, nachdem sie den Eingang von außen mit Kieselsteinen und Blättern verschlossen hat. Sobald die Wespenlarve schlüpft, hat diese einen mörderischen Appetit und frisst sich satt an der ungewöhnlichen, zumindest anfangs lebendigen und daher frischen Babynahrung. Immer wieder. Bis die Schabe vollständig verzehrt ist …

Wie die Wespe die richtige Einstichstelle findet, bekam Libersat heraus, indem er sich unter anderem den Stachel der Juwelwespe unter dem Elektronenmikroskop anschaute. In der Stachelspitze entdeckte er winzige Strukturen, die den Sinnesrezeptoren anderer Insekten ähneln. Diese Rezeptoren stehen in direkter Verbindung mit dem Gehirn der Wespe und übermitteln die Information, in was sie gerade sticht. Für die Juwelwespe ist dieser Hirndetektor eine prima Sache, für die Kakerlake bedeutet er siechenden Tod.

Um die Ausbreitung von Insekten, vornehmlich Kakerlaken, zu verhindern, hat sich Prof. Christoph Neinhuis von der TU Dresden an Fleisch fressenden Kannen- und Schlauchpflanzen orientiert. Er setzt auf das Antihaftsystem dieser Pflanzen, die über eine mikroskopisch raue Oberfläche verfügt. Angelockte Insekten können aus dem glatten Trichter der Blüteninnenwände nicht mehr entkommen. Selbst hoch entwickelte Krallen- und Haftsysteme kapitulieren auf dieser Rutschbahn. Der Trick ähnelt dem Lotus-Effekt, mit dem sich Pflanzenblätter praktisch selbst reinigen: Regen- und Kondenswasser perlt an ihnen ab.

Bei seinen Studien fand Neinhuis heraus, wie die ideale Oberfläche beschaffen sein müsste, um die Kakerlake ins Rutschen zu bringen: wie eine Schicht aus winzigen, vielfältig und bizarr geformten Wachskristallen. Sie verleiht den Fangtrichtern ihre verhängnisvolle Glätte. Solche Oberflächen versuchte er künstlich nachzubilden und versah Metall- oder Polymerfolien mit verschiedenen Beschichtungen, wie sie die Industrie in den 90er Jahren für Schmutz abweisende Oberflächen entwickelte, zum Beispiel für Autolacke. Und tatsächlich, es funktionierte. Die Anti-Krabbel-Beschichtung würde seinen Worten zufolge Lüftungs- und Schachtsysteme für die unliebsamen Gäste dauerhaft unbegehbar machen und könnte kostengünstig in die Massenfertigung gehen.

Die allerneueste Errungenschaft auf dem Markt der Insektizide hat das britische Unternehmen Rentokil entwickelt. Der weltgrößte Insektenvernichter (130 000 Mitarbeiter in 80 Ländern) kämpft seit Jahren gegen Kakerlaken und andere Schädlinge.

Die Geschichte von Rentokil Initial beginnt 1920, und zwar, wie sollte es anders sein, mit einem Schädlingsproblem und einem Professor für Entomologie. Bei dem Schädling handelte es sich um einen Moderkäfer, der sich in die berühmte Westminster Abbey verirrt hatte. Herold Maxwell Lefroy vom Imperial College London wurde von Sir Frank Baines, dem damaligen britischen Arbeitsminister, um eine Studie gebeten, wie man die Käfer in der Abtei bekämpfen und vernichten könne. Lefroy ersann eine erfolgreiche Behandlungsmethode, welche die Westminster Abbey von der Plage befreite und ihm fortan lukrative Aufträge einbrachte. 1924 begann er mit seiner Assistentin Elisabeth Eades, in Flaschen abgefüllte Holzwurm-Präparate zu verkaufen. Diese wurden in einer kleinen Fabrik in Hatton Garden hergestellt und unter dem Namen »Ento-Kill Fluids« vertrieben, einer Wortkreation aus dem griechischen Wort Ento (»Insekt«) und dem englischen Wort für »töten«.

Angespornt durch ihren Erfolg gründeten Lefroy und Eades 1925 die Firma Ento-Kill. Da die Namensgebung aber von offizieller Seite nicht zugelassen wurde, entschied sich Lefroy für den Namen »Rentokil Limited«. Nach Fusion und Zukäufen wurde daraus innerhalb der nächsten Jahrzehnte der Riesenkonzern Rentokil Initial mit einem milliardenschweren Börsenwert und einem Jahresumsatz von rund 2,5 Milliarden Pfund in 2010.

Dieses Umsatzwunder setzte eigentlich erst nach dem Zweiten Weltkrieg ein: 1958 krachte ein Richter Ihrer Majestät durch den vom Holzwurm zerfressenen Fußboden des altehrwürdigen Londoner Gerichtsgebäudes in den Umkleideraum der Anwälte. Ein Unfall, welcher der Queen zu Ohren kam, die daraufhin Rentokil zum königlichen Kammerjäger bestellte. Zu dessen Aufgabe gehörte es nunmehr, die über hundert Gemächer des Buckingham Palasts sauber zu halten – nicht nur von Holzwürmern, sondern auch von Ratten, Mäusen und Kakerlaken.

Seither prangt das begehrte Hoflieferanten-Wappen sowohl auf dem Briefpapier der Firma als auch auf der Visitenkarte ihrer bescheidensten Angestellten, von England bis Malaysia. Allein in Deutschland verfügt sie über Filialen in vierzehn Großstädten, was man durchaus als Indiz für einen immensen Bedarf ansehen kann.

Der Dienst an der Königin von England festigte den Ruf der Firma im gesamten Commonwealth. Das Unternehmen erreichten Hilferufe aus allen Ländern des Empire. Kein Land war deren Mitarbeitern zu fern, kein Weg zu weit und beschwerlich, um mit ihren Giftkanistern anzurücken. Auch in der Schweiz fasste die Firma Fuß: 1969 erhielt sie einen Großauftrag von der Weltgesundheitsbehörde in Genf, in deren Büros sich massenhaft Kakerlaken verbreitet hatten.

Savvas Othon, der technische Direktor von Rentokil in Großbritannien, hat mit seinem Team drei Jahre lang am Projekt »Entotherm« gearbeitet. Er setzt auf Hitze als Waffe. Das müsste den Wärme liebenden Kakerlaken eigentlich gefallen – wenn die Temperatur bei diesem Verfahren nicht kurzfristig auf 56 Grad Celsius in die Höhe getrieben würde. Das geschieht über mobile Heizgeräte, die kaum größer sind als ein Aktenkoffer, und ein ausgeklügeltes Rohrsystem. Zusammen werden sie in den befallenen Räumen und Gebäuden installiert. Damit die tödliche Temperatur bis in die letzte Ecke dringt, wird mit Infrarot-Kameras ständig überprüft, ob noch irgendwo kühlere Plätzchen vorhanden sind, wohin sich die Kakerlaken retten könnten.

Die enorme Hitze zerstört die Proteine und das Gewebe der Tiere und wirkt binnen Minuten tödlich, und zwar in allen Lebensstadien. Auch die Eier werden vernichtet, so dass keine Nachkommen mehr schlüpfen.

Im Sold von Rentokil steht auch Raymond Mesacado, wohnhaft in der Putnam Avenue in Queens, einem Stadtteil von New York. Die amerikanische Ostküsten-Metropole hat traditionell unter den »Cockroaches« schwer zu leiden.

Raymond betritt das Frühstückslokal an der 7th Avenue in Manhattan, wo wir verabredet sind, pünktlich um halb neun mit ausgreifenden Schritten, in der Hand einen schwarzen Pilotenkoffer. Der Koffer ist seine Waffenkammer. »I am a soldier«, sagt er von sich.

Heute ist wieder so ein Tag, an dem Ray the Roachman gegen eine Armee antreten muss, die praktisch unverwundbar ist. Aber sein amerikanischer Pioniergeist lässt ihn keine Sekunde zweifeln, dass richtig und wichtig ist, was er tut. Niemals würde er daran denken aufzugeben, obwohl er weiß, dass er keine Chance hat, seine Gegner dauerhaft zu besiegen. Es sind einfach zu viele. Fünf Tage die Woche zieht er ins Feld, von Montag bis Freitag. Ein Nine-to-Five-Krieg. Doch bei überraschenden Angriffen schiebt er schon mal freiwillig Überstunden, auch am Wochenende.

Einen Tag lang begleite ich Ray auf seiner Mission durch die Stadt. Sein Terminkalender ist randvoll. Heute liegen ein Restaurant in Manhattan, ein Deli, ein Lebensmittellager und ein Apartment in der Bronx auf seiner Route. Die Besitzer oder Mieter haben mit Rentokil einen Wartungsvertrag geschlossen, wonach regelmäßig, meistens im Abstand von zwei Wochen, ein Mitarbeiter der Firma die aktuelle Lage an der Kakerlakenfront sondiert.

Unsere erste Adresse an diesem frostklirrenden Januarmorgen ist eine Bowlingbahn mit angeschlossenem Tex-Mex-Restaurant am Union Square, dritter Stock.

In der U-Bahn auf dem Weg dorthin erzählt mir Ray seinen Lieblingswitz: »Eine Blondine geht in eine Zoohandlung und sagt: ›Ich möchte bitte sieben Kakerlaken.‹ Der Verkäufer wundert sich. ›Was wollen Sie denn mit dem Ungeziefer?‹ ›Na ja‹, entgegnet die Blondine, ›mein Vermieter hat mir heute Morgen gekündigt, und im Mietvertrag steht, ich muss die Wohnung so verlassen, wie ich sie vorgefunden habe.‹«

Wir sind da. Ein klappriger Fahrstuhl mit Eisengitter und einem ebenso klapprigen mexikanischen Fahrstuhlführer befördert uns nach oben. Neben ihm kauert ein kleiner Hund, einer von der Sorte, die einen nicht von den Beinen reißen und die man schnell hochheben und in die Tasche stecken kann. Irgendwie scheint es mir verkehrt, einen Hund im Fahrstuhl zu halten.

Oben angekommen zieht der Mexikaner das rostige Gitter beiseite und öffnet die Tür. Sofort schlägt uns der Geruch von süßen Cocktails und kalten Tortillas entgegen. Ein Reinigungskommando saugt die weinrote Auslegeware, wischt die 20 Meter lange Bar und poliert das Messinggeländer der Treppe, die hinauf in die nächste Etage führt, kratzt Essensreste von den Tischen, sprüht Spiegel sauber und klopft die Sessel auf.

Ray marschiert nach allen Seiten fröhlich grüßend an den Leuten vorbei. Er kennt den Weg und lässt keinen Zweifel daran, dass ihn niemand aufhalten wird. »Die müssen sehen, dass du weißt, was du tust, dann fragt dich keiner, und du kannst sofort anfangen, deinen Job zu machen.«

Eine morgendlich leere Bowlingbahn nebst Barbetrieb und Tex-Mex-Restaurant ist ungefähr so heimelig wie ein Kleinstadtbahnhof um Mitternacht – deprimierend, kalt und überflüssig. Ray scheint das nichts auszumachen. Vor der Küche wuchtet er seinen Koffer auf eine Bank und packt in Ruhe sein Kampfgerät aus: einen schwarzen Gürtel mit Taschen und Schlaufen, in die er Spraydosen, Werkzeug und eine Spritzpistole schiebt. Er schnallt sich den Gürtel um und baut sich breitbeinig vor der Tür auf. High-noon um halb zehn.

Stockdunkel ist es hinter der Tür. Ray tastet nach dem Lichtschalter, zögert. »Sieh nach unten«, sagt er, »auf den Boden. Wenn ich das Licht anknipse, wirst du was erleben.«

Dutzende Neonröhren flammen auf und tauchen die Küche in gleißendes Licht. Was ich sehe, ist ein Geräusch gewordenes Bild: Wusch! Vergleichbar einem Tintenfleck, der auf einem Löschblatt rasend schnell größer wird. Nach allen Seiten stieben die Kakerlaken auseinander, die wir bei ihrer Wanderung über die weißen Bodenfliesen überrascht haben. Ray sagt mit unverhohlener Anerkennung in der Stimme: »Die fressen dir das Schwarze unter den Fingernägeln weg und sind auf und davon, bevor du einmal ›Schlitzohr‹ sagen kannst.«

Mein Blick fällt auf einen Grill, auf dem kleine Fleischstückchen kleben. Schmutzkrustige Kochstellen, verschmierte Arbeitsflächen, offene Plastikeimer mit Bratfett und Öl, ein riesiges Waschbecken, in dem sich dreckiges Geschirr stapelt – und überall Teller mit angepappten Essensresten: Zwiebeln, Tacos, Käse, Burritos, Tomaten, Guacamole, Nachos, Enchiladas. Ein Querschnitt der gesamten Speisekarte.

Angewidert schüttelt Ray den Kopf. Wer Kakerlaken jagt, muss lernen, mit Enttäuschungen zu leben. »Kein Wunder, dass ich immer wieder herkommen muss. Wie oft hab ich denen gesagt, sie sollen den ganzen Mist wegräumen und für Sauberkeit sorgen. So werden sie die Biester niemals los.«

Resigniert fügt er etwas hinzu, das mich veranlasst, in den nächsten Tagen einen großen Bogen um die Lokale der Stadt zu machen: »So sieht es in beinahe allen Restaurantküchen New Yorks aus. Es macht keinen Unterschied, ob es sich um eine Fastfood-Kette oder eine Luxusadresse handelt. In der Küche sind sie alle gleich.«

Bei seiner letzten Visite hat Ray überall Klebefallen versteckt, auch in der Küche. Die kontrolliert er als Erstes. Leer. Obwohl Hochbetrieb herrscht.

Dann kniet er sich in eine Ecke vor die rostfreien Kühl- und Vorratsschränke auf den speckigen Boden und gibt mir ein Zeichen, es ihm nachzutun. Wortlos blinzeln wir auf den schattigen Müllhaufen, der sich dort über Wochen, wenn nicht Monate, angehäuft hat: vergammelte Salatblätter, faulige Fritten, zerknüllte Servietten. Ein Musterbeispiel für zusammengefegte Küche – von allem etwas dabei.

In den Ecken, dort, wo es am dunkelsten ist, drängen sich die Kakerlaken und lecken sich die Lippen. »Von dem Zeug können sich zehntausend von ihnen jahrelang ernähren und noch ein paar Freunde einladen«, sagt Ray. Aber so viele sind es natürlich nicht. Eigentlich ist er sogar zufrieden. »Man merkt, es werden jedes Mal weniger.«

Er zieht seine Artillerie aus dem Gürtel: eine blauweiße Sprühdose, auf der »P.I. Contact Insecticide« steht, und schießt eine Wolke Gift unter die Schränke. Mehr kann er nicht tun. »Solange sich niemand an die Hygienevorschriften hält, ist das ein aussichtsloser Kampf.«

Anschließend kontrolliert er die Wanderwege der Kakerlaken, die er vor Monaten entdeckt hat, inspiziert die Laufleisten unter dem Tresen und checkt Kabelstränge. An neuralgischen Punkten spritzt er einen Tropfen weißes Gel auf. »Dieser eine Tropfen kann fünfzig Kakerlaken das Leben kosten.«

Der Deli und das Lebensmittellager sind unsere nächsten Stationen. Beide liegen im Meatpacking District. Ganze Straßenzüge wurden dort für Galerien, Bars und Boutiquen renoviert. Längst sind die früheren Bewohner in günstigere Viertel umgezogen, weil sie sich die astronomischen Mieten nicht mehr leisten können. Nur die Schaben sind geblieben, weshalb Ray in dieser schicken Gegend weiterhin viel zu tun hat.

Auf dem Weg in die Bronx zu einem achtstöckigen Wohnhaus erzähle ich Ray von meiner ersten Begegnung mit einer Kakerlake und wie ich versuchte, sie umzubringen.

»Die hat dich ganz schön verarscht, was?« In einer Mischung aus Amüsement und Verzweiflung kraust er die Stirn. Mildernd fügt er hinzu: »Aber du bist ja auch bloß ein Tourist«, und gibt mir folgenden Ratschlag: »Wenn du künftig eine Kakerlake siehst, tritt drauf, und dann zieh den Fuß nach hinten durch, die Kakerlake fest auf den Boden gepresst. Dadurch wird sie zerrieben und ist garantiert mausetot. Bloß draufzutreten ist sinnlos.«

Im Apartment 14c des abgewohnten Hochhauses hat eine Kakerlaken-Invasion das Leben vorübergehend lahmgelegt. Frau und Tochter des Besitzers sind zu Verwandten geflüchtet. Vor zwei Tagen war Ray schon einmal hier, deshalb kennt er die Wohnung und ihren Besitzer. Beide seien in einem üblen Zustand, sagt er und hält sich eine imaginäre Flasche an die Lippen.

Vor einigen Nächten war die Tochter des Mieters schlaftrunken in die Küche gestolpert, um sich ein Glas Milch aus dem Kühlschrank zu holen, und sah, was sie wünschte, nie gesehen zu haben: Unter einer Fußleiste neben dem Mülleimer quollen Aberdutzende Kakerlaken hervor und konnten gar nicht so schnell wieder umkehren, wie sie wollten, als das Licht anging. Für alle auf einmal war der Durchlass zu klein, so dass es zu einem ordentlichen Rückstau kam. Seitdem weigert sich das Mädchen, die Küche zu betreten.

Als der Mann nach dem zweiten Klingeln die Tür öffnet, in hochgekrempelten Jeans und einem besudelten Unterhemd, als sei vor wenigen Minuten eine Pizza Funghi auf seiner Brust explodiert, ist seine Hand schon ausgestreckt und will geschüttelt werden. Das schwarze Haar liegt dank einer großzügigen Portion Gel glatt an seinem Kopf wie eine Bademütze. Er schenkt uns ein strahlendes Kaufhaus-Lächeln, so froh ist er, uns zu sehen. Genaugenommen Ray.

In der Wohnung ist es trotz der frostigen Außentemperaturen brüllend heiß, und es riecht, als hätte jemand Salami unter den Möbeln versteckt. Eingerissene gelbe Rollos hängen halb heruntergezogen vor den Fenstern, überall liegen Wäschestücke und leere Kartons von China Joe und Kentucky Fried Chicken herum.

Ray macht sich daran, die Fußleisten herauszubrechen, um bis in die Schlupfwinkel der Tiere vorzudringen. Während er das tut, erzählt er von einem Problem, mit dem alle New Yorker zu kämpfen haben. »Egal, wie sauber du deine Wohnung hältst, du kannst wischen und schrubben und putzen, so viel du willst – wenn deine Nachbarn neben, unter und über dir nicht das Gleiche tun, und zwar gründlich, kommen sie trotzdem, die Kakerlaken, das ist die traurige Wahrheit. Sie kriechen einfach die Kabel und Leitungen in den Wänden entlang, und schon sind sie da und machen weiter, Wohnung für Wohnung, Stockwerk für Stockwerk.«

Jeder Handgriff sitzt. 14 Klebefallen verteilt Ray in den Zimmern, verspritzt Gift und Gel an jeder Ecke und spürt den heimlichen Verstecken der Kakerlaken nach. Zwei Stunden lang arbeitet er schwitzend und auf Knien, dann glaubt er, das Gröbste geschafft zu haben. Der Wohnungsbesitzer ist erleichtert und gerührt und bedankt sich überschwänglich mit einem generösen Trinkgeld. »So ist es meistens«, sagt Ray. »Normalerweise halten die Leute uns wegen unseres Berufes für Abschaum, aber sobald sie selbst eine Plage im Haus haben, sind sie bereit, jeden Preis zu zahlen – Hauptsache, meine Kollegen und ich schaffen ihnen die lästigen Gäste so schnell wie möglich vom Hals.«

Wenn besonders viel zu tun ist (bei Ray laufen schon mal Wartezeiten von bis zu vier Wochen auf), werden ihm stattliche Sonderprämien aufgedrängt – unter der Hand, versteht sich –, damit er einen früheren Termin in seinem Kalender findet. Das war zum Beispiel während der letzten großen Bettwanzen-Epidemie im Big Apple Anfang 2010 häufig der Fall. Doch das ist eine andere Story.

Am frühen Nachmittag beendet Ray seine Inspektionsreise. Wieder ein erfolgreicher Tag im Feld. Morgen wird es ein neuer Tag sein. Und übermorgen wieder. Bis zu seiner Rente. Noch nie hat er einen Gedanken daran verschwendet, den Job zu wechseln.«Wozu?«, sagt er, als ich ihn danach frage. »Ich tue doch jeden Tag das, was andere Männer nur in ihrer Freizeit tun können: Ich gehe auf die Jagd und werde auch noch dafür bezahlt.«

Im Coffee-Shop einer weltberühmten Kette am Times Square trinken wir einen Abschiedscappuccino. Rays Augen huschen in jeden Winkel. Das war schon mittags so gewesen, während wir in einem Restaurant einen Teller Spaghetti Pomodoro aßen. »Routine«, hatte er geantwortet, als ich wissen wollte, wonach er Ausschau hält. »Ich will nur sehen, ob hier was rumläuft.«

Im Coffee-Shop läuft was rum, direkt an der Fußleiste unter unserem Tisch entlang, drei Kakerlaken, der Reihe nach. Ray steht auf, erkundigt sich am Verkaufstresen nach dem Boss, nimmt ihn beiseite, wechselt eine paar leise Worte mit ihm und händigt ihm dezent seine Visitenkarte aus. Zurück am Tisch erzählt er bester Laune: »Ich glaube, ich hab einen neuen Kunden.«

In der Stadt, die niemals schläft, wird Ray garantiert nicht arbeitslos. Es gibt noch viel zu tun für ihn und seinesgleichen. »Auf jede Wohnung in New York kommen statistisch mindestens 2500 Kakerlaken«, sagt er und fügt schmunzelnd hinzu: »Sieh mal unter deinem Hotelbett nach, ich kenne das Hotel.« Vielen Dank für den Tipp ...

Im Vergleich zu den 70er Jahren, als die Deutsche Kakerlake ganz New York terrorisierte, hat sich der Zustand inzwischen gewaltig verbessert. Vom Times Square, dem einstigen Schandfleck, wo sich die Krabbler in schäbigen Bordellen, Peepshows und Absturzkneipen amüsierten, verschwanden sie vor Jahren sang- und klanglos, als die Stadt das Viertel mit allen Geldmitteln (vor allem aus Hollywood) und Vernichtungsmitteln (vor allem Combat) zu einem beinahe aseptischen Vergnügungspark für die ganze Familie umgestaltete.

Das trifft auch auf andere Viertel zu, in denen die Wohnungen unerschwinglich geworden sind: die Upper East Side, die Upper West Side, Soho, Tribeca, Meatpacking District. Sie sind fast komplett »roach-free«, und das hat einen simplen Grund: Wer 1,5 Millionen Dollar für ein kleines Apartment bezahlt, 8 Millionen Dollar für ein Penthouse oder 30 Millionen für ein Stadthaus, der spart nicht an Giften, um seine Bleibe sauber zu halten.

Im Trump Tower und vergleichbaren Luxusherbergen werde man vergebens nach den Tieren Ausschau halten, zitierte die New York Times einen hochrangigen Mitarbeiter der Gesundheitsbehörde. Widersprochen wird dieser Darstellung allerdings von Reinigungskräften, die darüber nur lachen können. Sie stoßen selbst in den teuersten Duplex-Wohnungen vierzig Stockwerke über der Erde regelmäßig auf ihre besten Bekannten. Die New Yorker Kulturzeitung *Village Voice* feierte einen Kammerjäger wie den Erfinder des Brühwürfels, nur weil es ihm gelungen war, die Apartments von Diana Ross und Woody Allen vorübergehend von Kakerlaken zu befreien.

Die Armen und die Ärmsten der Armen können sich die kostspieligen Pestizide auf Dauer nicht leisten, mit der Konsequenz, dass 57 Prozent der Spanisch sprechenden Schlechtverdiener und 27 Prozent der englischsprachigen Schlechtverdiener auch heute noch ihre Wohnungen mit Massen von Kakerlaken teilen müssen, berichtete der *New York Observer* im August 2008.

Wie schön für die New Yorker, dass sie nicht in Dharavi in Mumbai leben müssen, dem größten Slum Asiens. Mit seinen 800 000 Menschen ist dieses Ratten- und Kakerlakenloch der am dichtesten besiedelte Fleck der Erde, zwei Quadratkilometer, eingeklemmt zwischen zwei Bahngleisen. Die Bewohner haben keine Kanalisation, aber natürlich jede Menge Ratten und Schaben.

Ein indischer Journalist und ein Mathematiker haben versucht auszurechnen, wie viele Kakerlaken wohl in den engen Gassen, den Ein-Zimmer-Buden und auf den angrenzenden Müllhalden herumlungern mögen. Auf eine konkrete Zahl kamen sie nicht, einigten sich aber auf mehrere Milliarden... In den Slums von Rio de Janeiro, São Paulo, Manila, Nairobi und Dutzenden Mega-Citys der dritten Welt, die ihre Armenviertel sich selbst überlassen, dürfte es kaum anders aussehen.

Runter damit!

Der letzte Fraß ist gut genug

Die Kakerlake wurde von der Natur zum Allesfresser (Omnivoren) gezüchtet. In der Tat, ihr schmeckt einfach alles. In schlechten Zeiten kann sie sich wochenlang sogar mit der Gummierung einer Briefmarke über Wasser halten. Ansonsten macht sie sich mit Feinschmeckerleidenschaft über das her, was niemand sonst jemals anrühren würde, weder Ratten noch Menschen: Sie schlabbert Schweißrückstände aus Tennisschuhen, knabbert Bakterien und Schimmelpilze von Fliesen, kratzt Speisespritzer von der Küchenwand und den Leim von der Tapete. Sie findet Nährwerte in Klärschlamm, Abfallhaufen, Büchern, Kleidungsstoffen, Mehl, Zucker und Brotkrümeln. Sie frisst Algen, tote Insekten und Stoffwechselprodukte von Mikroorganismen, kaut sich durch ameisensichere Zellophantütchen, mampft Zahnpastaborsten und verschmäht auch das Gummi von Taucherbrillen nicht. Schon Fetzen einer Tapete, etwas Buchbinderleim oder ein Klacks Schuhcreme lassen ihr das Wasser im Munde zusammenlaufen. Bier weiß sie ebenfalls zu schätzen: In Florida wurde eine Kakerlake dabei beobachtet, wie sie einem schlafenden Mann um den mit Schaumkronenresten verzierten Bart ging.

Für Kakerlaken, die in Gesellschaft von Menschen leben, gilt: Was ihnen schmeckt und sich bewährt, landet dauerhaft auf ihrer Speisekarte. Sie verschlingen, wie bereits erwähnt, sogar die Überbleibsel ihrer eigenen Häutung. Die scheinbare Willkür bei der Nahrungsaufnahme bedeutet, dass die Schabe auf ihrem langen Weg in unsere Zeit durch zahllose Hungerperioden gegangen sein muss, was sie zu einem Gemischtwaren-Verwerter sondergleichen gemacht hat. Nichts ist sicher vor ihren stöbernden Fühlern und malmenden Kiefern. Irgendwann wurde sie dabei sogar zum Kannibalen, denn auch ihre Artgenossen verschmäht sie nicht, wenn diese schwächeln oder bereits tot sind.

Trotzdem würde sie bei freier Auswahl immer die wertvollere Speise wählen. Das ist für jeden Menschen leicht überprüfbar: Stellt man den Tierchen zum Beispiel Hundefutter mit dem Logo einer berühmten Marke hin und daneben das No-Name-Produkt eines Minderanbieters, macht sich die Kakerlake – man glaubt es kaum – nach einer kurzen Orientierungsphase über die Markenware her und lässt die Billigvariante links liegen.

Die Story des Films *French Connection* mit Gene Hackmann als New Yorker Polizei-Detektiv Popeye in der Hauptrolle beruht auf einem tatsächlichen Fall: 1962 verschwanden aus der Asservatenkammer des NYPD 44 Kilo beschlagnahmtes Heroin. Der Stoff tauchte nie wieder auf, obwohl Sonderermittler, Staatsanwälte, Untersuchungsausschüsse und die besten Reporter der New York Times sich jahrelang intensiv mit diesem spektakulärsten Drogenraub der Geschichte beschäftigten. Erst als Ende der 90er Jahre ein ehemaliger, hoch dekorierter Elitefahnder der Special Investigation Unit (SIU) auspackte, kam Licht ins Dunkel. Gerald E. Kelly behauptete in seinem Buch *Honor for Sale* (deutsch: *Die Kakerlaken und das Heroin*), die Diebe seien Cops gewesen. Die Kollegen hätten das Heroin mit einem getürkten Abholschein aus dem Polizeigebäude geschmuggelt und den Stoff in einem Hotel in Queens gegen Mehl ausgetauscht. Das Mehl hätten sie zurück in die Asservatenkammer gebracht, das Heroin später an die Mafia verkauft. Der Erlös, mehrere Millionen Dollar, blieb verschwunden. Drei Jahre lang bemerkte niemand den Diebstahl – bis die Kakerlaken kamen. Bei Kelly liest sich die Szene in der Asservatenkammer so:

Sergeant James Embury hockte sich nieder, das rechte Knie auf den Boden gestützt.

»Chef, sehen Sie diesen Koffer, wo die kleinen Freunde rein- und rauskrabbeln?«

Bonacum kauerte sich daneben.

»Hm, was ist damit?«

»Ich habe die Archivnummer überprüft. Dieser Koffer stammt aus dem French Connection-Fall. Er sollte Heroin enthalten. Aber Kakerlaken würden nicht reingehen, wenn

der Koffer voll Heroin wäre. Ich glaube, sie kriechen hinein,
weil sie dort was zu fressen finden.«

Der verwirrte Inspektor zertrat eine Kakerlake.

»Sergeant, was wollen Sie mir damit sagen?«

»Ich glaube nicht, dass in diesem Koffer Heroin ist.«

Und so brachten die Kakerlaken unfreiwillig einen Fall in die Öffentlichkeit, der ohne ihre Mithilfe womöglich noch viele Jahre unentdeckt geblieben wäre. Fünfzehn Detectives wurden angeklagt, acht von ihnen verurteilt.

Macht nicht nur satt, ist auch gesund

Kakerlaken zum Dessert

Sean Murphy aus Michigan gehört zu jenen Menschen, die beim Anblick von Kakerlaken keine Abscheu befällt. Er findet sie so appetitlich, dass er davon den Mund nicht voll genug kriegen kann. Mehrere Monate lang trainierte der Angestellte einer Tierhandlung mit Madagaskar Fauchkakerlaken: Mund auf, und rein damit. Aber nicht runter! So viele wie möglich.

Es hat sich gelohnt. Beim offiziellen Weltrekord-Versuch im Oktober 2009 stopfte er sich zwölf Kakerlaken auf einmal in den Mund, legte eine kurze Pause ein und schob vier weitere hinterher. Zehn Sekunden lang behielt er die 72 zappelnden Beinchen im Mund. »Das habe ich noch nie in einem Rutsch geschafft – es war eine große Überraschung.«

Die Sache scheint ihm Spaß gemacht zu haben, denn anschließend gab er bekannt, eine neue Spitzenmarke anzuvisieren: 20 Kakerlaken will er beim nächsten Contest schaffen. Mindestens.

In vielen Ländern gehen die Menschen noch einen Schritt weiter: Sie nehmen Kakerlaken nicht nur in den

Mund und spucken sie wieder aus, sondern sie schlucken sie runter, und zwar mit Genuss. In Thailand werden Kakerlaken zum Beispiel in den mobilen Schnellküchen am Straßenrand von Bangkok und Pattaya wahlweise gegrillt, gebraten und gekocht, mit Chili verfeinert, mit Honig bestrichen und in rotem Pfeffer gesotten. Anschließend reißt man ihnen Beine und Flügel aus und verspeist das Ganze genussvoll. Das knackt, als kauten die Thais Kartoffelchips.

Anton Tschechow, der berühmte russische Schriftsteller und Dramatiker, liebte es, in den besten Lokalen Moskaus zu speisen. In einem Brief schrieb er: »Ich will frei sein und Geld haben. Auf Deck sitzen, Wein trinken, über Literatur reden, und abends – Damen.« Derselbe Genussmensch teilte seiner Schwester von seinem Landgut aus mit: »Wanzen und Kakerlaken haben wir hier massenhaft. Wir machen Brotbelag daraus und essen sie. Schmeckt.« Sein großer Bewunderer Thomas Mann hätte ob dieses Geständnisses wohl pikiert die Mundwinkel verzogen. Bei dem zu Albernheiten neigenden Tschechow wusste man allerdings nie genau, wann er etwas ernst meinte oder nur einen seiner Späße trieb …

Ein kurioses Kakerlaken-Rezept empfahl 1905 ein Mann namens Coupin seinen englischen Landsleuten. Für die Nachwelt schrieb er es auf, entdeckt wurde es von dem Schriftsteller Christoph Ransmayr (*Die letzte Welt*), der viele Jahre in Irland gelebt hat: »Ein saftiges Gericht wird aus Kakerlaken zubereitet, die den ganzen

Morgen hindurch in Essig gesotten und an der Sonne getrocknet werden. Die geköpften und entdärmten Insekten werden dann mit Butter, Mehl, Pfeffer und Salz zu einer Paste verkocht, die einen vorzüglichen Brotaufstrich ergibt.«

Wer nun angewidert den Kopf abwendet, sollte wissen: Heute ist der Verzehr von Insekten in Europa zwar unüblich, doch das war nicht immer so. Die Schriften von Aristoteles und Plinius verraten detailreich, was zu ihrer Zeit so alles an krabbelndem Getier vertilgt wurde. Und heutzutage gelten Baumwanzen in Mexiko, Wasserkäfer in China, Mücken in Südafrika, Heuschrecken im Sudan und der Steinbockkäfer in Papua-Neuguinea als besondere Leckerbissen.

Warum nicht einfach mal ausprobieren, was für Millionen Menschen völlig normal ist? Die würden sich bestimmt auch die Haare raufen, wenn sie hörten, womit wir uns den Bauch vollschlagen. Allein die Gewohnheit entscheidet, ob man etwas als ungenießbar oder schmackhaft empfindet. Außerhalb Europas sind zum Beispiel Körperteile wie Tieraugen und Hühnerfüße fester Bestandteil der Küche, während unsereins Speisen wie Herz, Lunge, Leber und Nieren verzehrt, die anderswo auf dem Globus größten Abscheu hervorrufen, ganz zu schweigen von Rinderzungen, Kutteln und Schweineschnauzen. Wir essen Wurst aus Blut (eine Nahrung, die in vielen Kulturkreisen verpönt ist und kategorisch abgelehnt wird) und natürlich Gehirn – in Cervelatwurst oder als

Bries. Und haben Sie mal versucht, einem Asiaten verschimmelten Käse als Delikatesse unterzujubeln? Vermutlich hätte er versucht, Sie mit seinen Ess-Stäbchen zu attackieren.

Wenden wir uns einem Selbstversuch auf der Wissenswebsite *newsatelier.de* zu: Ein Gourmand namens »(MK)« beschreibt dort kenntnisreich Zubereitung und Verzehr von Zophoba-Larven. Zophobas morio ist ein entfernter Verwandter des Mehlkäfers, und seine Larven sehen aus wie größere Versionen des Mehlwurms. (MK) wusch die Larven kalt ab, »um sie zu säubern und ihre Agilität zu verringern«. Anschließend überbrühte er sie mit kochendem Wasser, briet die Leichname in Öl mit zerkleinertem Knoblauch und Ingwer, fügte Sesamöl und Sojasauce hinzu und schmeckte das Ganze mit Salz und Pfeffer ab.

Die Tiere waren vorher mit Haferflocken gefüttert worden, weshalb sie seinen Gästen zu mehlig schmeckten. Knusprig waren sie auch nicht. Das nächste Mal wollen der Insektenkoch und seine Versuchspersonen es daher mit Kakerlaken probieren. Die sind reich an Proteinen, Lipiden und Kalorien.

Mediziner vieler Kulturen vertrauen auf die Heilkraft der Schabe. Ihre spezielle Zusammensetzung dürfte dem persischen Gelehrten Abu Hanifa (699–762) zwar unbekannt gewesen sein, dennoch empfahl er pulverisierte oder in Öl zerriebene Kakerlaken als ausgezeichnetes Heilmittel gegen Beingeschwüre, Nierenstörungen, Ohrensausen und Frauenkrankheiten. Nicht überliefert ist die Art der Anwendung – ob also äußerlich oder innerlich.

Für die australischen Aborigines gehört Medizin aus Pflanzen und Tieren zur bewährten Heiltradition. Ganz oben auf der Besorgungsliste stehen bei ihnen seit jeher Buschameisen, Motten, Emus – und Kakerlaken. Antiseptisch und betäubend soll ihre Wirkung sein. Zur Zubereitung der Medizin werden die Schaben zunächst über dem Feuer erhitzt. Die dabei aus dem Bauch der Insekten austretende Flüssigkeit half bei Schlangenbissen, Rochenstichen oder Schnittwunden. Sofort nach Auftragen trat an der behandelten Wunde ein beruhigendes Betäubungsgefühl ein, und innerhalb einer Stunde waren die Schmerzen gelindert.

Auch die Chinesen veredeln Kakerlaken seit Jahrtausenden zum medizinischen Gebrauch. Für wenige Dollar kann man in New Yorks Chinatown vielseitig anwendbare Tinkturen und Tees kaufen. Die Kräuterläden liegen zwischen überladenen Touristenshops, welche Papierdrachen verkaufen, und schmalen Restaurants, in deren Fenstern goldbraune Enten baumeln. Hier bekommt jeder Hinfällige, der mit einem Rezept der China-Docs vorbeischaut, die passende Mischung für sein Zipperlein frisch zubereitet. Bis zur Decke stehen dort Kübel und Gläser in meterlangen Regalen. Wirft man einen Blick in die offenen Jutesäcke am Boden, sieht man Ingwerknollen, Götterbaumrinde und Hanfsamen. Rund 6000 Arzneimittel kennt die Traditionelle Chinesische Medizin (TCM), 300 davon werden regelmäßig angewendet. Viele Rezepturen bestehen aus Dutzenden Pulvern und Wurzeln. Auch getrocknete Kakerlaken sind darunter.

Um mehr darüber zu erfahren, besuchte ich auf Empfehlung die größte Herbal Pharmacy an der Ostküste. Sie heißt Kamwo, wurde 1973 eröffnet und liegt in New York, in der Grand Street, zwei Blocks entfernt von der Mott Street. Auch hier ist alles China. Der Besitzer Tomas Leung entstammt einer Familie, die auf eine lange Medizin-Tradition zurückblicken kann. Schon sein Urgroßvater besaß in Hongkong eine Apotheke für TCM.

Die drei Apotheker hinter dem Tresen sprachen kein Wort Englisch. Besonders freundlich waren sie auch nicht, aber an so was gewöhnt man sich, wenn man in Chinatown unterwegs ist.

Mit mürrischem Blick und knapper Geste dirigierte mich einer von ihnen zu der Dame hinter der Kasse. Die verstand sofort, was ich wollte, zog eine der aberdutzend Schubladen mit chinesischen Schriftzeichen aus dem Wandregal und legte eine Handvoll getrockneter Kakerlaken auf ein weißes Blatt Papier. Sie heißen auch Chinesisch Zhe Chong und werden heilenden Aufgüssen beigemischt.

Zhe Chong leben in den Provinzen Hunan, Hubei, Jiangsu und Henan. Im Sommer werden die weiblichen Tiere gefangen, lebend in heißes Wasser geworfen und gekocht. Danach legt man sie zum Trocknen in die Sonne. In der Traditionellen Chinesischen Medizin werden ihre Eigenschaften als kühl und salzig beschrieben; zugeordnet sind sie den Meridianen Leber, Herz und Galle. Zu Pulver zerrieben soll Zhe Chong bei gefühlloser und geschwollener Zunge helfen, ebenso bei Schlaganfall und Problemen mit der Regelblutung, und sie stärkt angeblich auch die Sehkraft und unterstützt den Knochenbau.

Die Schlossapotheke in Kassel, die sich auf TCM-Rezepte spezialisiert hat, führt diese Kakerlaken ebenfalls in ihrem Sortiment – genauso wie Fledermausexkremente, Hühnerschleimhaut, Tintenfischknochen und Wasserbüffelhorn. Was für unsere Ohren exotisch bis eklig klingt, genießt bei den Chinesen und ihren deutschen Jüngern ebenso hohes Ansehen wie bei uns Mooskraut und Korbbaumrinde.

Es waren auch Chinesen, die 2001 die Weltöffentlichkeit mit der sensationellen, von aller Welt ersehnten Nachricht überraschten, ein Mittel gegen Aids gefunden zu haben. Die staatliche Nachrichtenagentur *Xinhua* berichtete stolz, die aus Kakerlaken gewonnenen Wirkstoffe (darunter der Allergiestoff Alfatoxin) seien »ähnlich effektiv« wie das vor allem in den USA eingesetzte Medikament AZT, hätten jedoch weniger Nebenwirkungen. Dem Dekan der Pharmakologischen Abteilung der Universität von Yünnan, Li Shuman, der seit mehr als zwanzig Jahren daran geforscht hatte, war es gelungen, in einer Versuchsreihe nachzuweisen, dass dem Aids-Virus offenbar mit einer von Kakerlaken stammenden chemischen Verbindung aus einer Aminosäure und Polysaccharid (Vielfachzucker) beizukommen sei. In ersten Tests zeigten sich die Insekten ausgesprochen resistent gegen den Virus. Auf die Kakerlaken als Medizinlieferant war Li Shuman gekommen, weil eine ethnische Minderheit in Yünnan Kakerlaken zur Behandlung offener Wunden verwendet (ähnlich wie die Aborigines). In der Zwischenzeit ist es allerdings ruhig geworden um das Wundermittel aus China …

Auch in den USA wurde Kakerlaken-Medizin vorübergehend sehr geschätzt. In seiner kuriosen Rezeptesammlung *The Eat-A-Bug-Cookbook* beschreibt der Wissenschaftsautor David George Gordon, Louis Armstrong, dem Jazz-Trompeter mit den dicksten Backen der Welt, sei als Kind ein Gebräu aus abgekochten Kakerlaken gegen Erkältung und Halsentzündung eingeflößt worden. Von den farbigen Heilern in Mississippi, Alabama und Georgia, die es meistens mit den ärmsten der armen Patienten zu tun hatten, wurde Kakerlakentee auch gegen Tetanus verschrieben.

Kakerlakenmedizin schmeckte auch den Bayern! Zu Zeiten König Ludwigs wurden zerstoßene Schaben als harntreibendes Mittel verabreicht. Außerdem sollen sie gegen Epilepsie und bei Kindern gegen Würmer geholfen haben. Das war früher. Und heute? Die Homöopathie, um 1790 von dem aus Sachsen stammenden Arzt Samuel Hahnemann (»Ähnliches wird durch Ähnliches geheilt«) oft in aufreibenden Selbstversuchen entwickelt, ist mitnichten eine reine Pflanzenarznei-Disziplin, wie viele Anhänger glauben. Neben Huflattich und Sumpfdotterblume wird nämlich allerlei Getier mitverarbeitet – von Bienen über Tintenfische und Kreuzspinnen bis hin zu Königstiger-Urin. Da darf die Kakerlake natürlich nicht fehlen: Auf der Homöopathie-Website *www.miasmenlehre.de/arz neimittellehre/blatta.htm* heißt es: »Als ein Patient Tee trank, in dem eine Küchenkakerlake mit aufgegossen worden war, besserte sich sein Asthma.«

Für Züchter von Reptilien und Spinnen sind Kakerlaken willkommene Happen, mit denen sie ihre Lieblinge füttern. Zu diesem Zweck bietet die Internet-Company Fauna Topics »Qualitäts-Futterinsekten aus eigener Zucht« an. Angepriesen werden unter anderem dreizehn Argentinische Waldkakerlaken für drei Euro. Im Begleittext dazu heißt es: »Sie sind sowohl in der Haltung als auch im Versand anspruchslos. Sie können in der Regel mehrere Tage, sogar Wochen ohne Nahrung auskommen und kommen beim Versand ohne weiteres mit kälteren und heißen Temperaturen klar. Kakerlaken werden von fast allen Reptilien gern genommen. Sie stellen eine gute Alternative zu Grillen und Heuschrecken dar. Da die Kakerlakenmännchen nicht zirpen können, kommt es zu keiner Lärmbelästigung.«

Ebenso günstig bewirbt *happy-futtertiere.de* (»Immer frisch und lebendig«) seine Argentinier: »Sie sind ein

richtiger Leckerbissen für Bart-Agamen und alle anderen Insektenfresser. Sie enthalten rund das Zehnfache
an Proteinen einer Heuschrecke und sind sehr nähr-
reich.« 100 Stück für 24,99 Euro – wer greift da nicht
gerne zu?

Gefährliche Genossen

Wenn die Plagegeister krank machen

Allergien werden nicht selten von Hunden und Katzen ausgelöst. Warum regen wir uns also darüber auf, dass auch Kakerlaken körperliche Überreaktionen hervorrufen?

Doch wer leicht anfällig ist, sollte sich tatsächlich vor ihnen hüten. Sie verursachen Lebensmittelvergiftungen und verderben mehr Nahrungsmittel, als sie fressen, allein schon dadurch, dass sie drüberlaufen. Von ihren unappetitlichen Futterplätzen schleppt die Kakerlake jede Menge Keime und Bakterien mit sich herum. Denn um fressen zu können, muss sie erst mal mit den Füßen besteigen, was sie verzehren will. Dadurch bleiben an den Füßen Erreger jeglicher Art haften, die anschließend in alle Himmelsrichtungen getragen werden. In ländlichen Gebieten ist die Kakerlake gefürchtet, weil sie in Viehställen die Maul- und Klauenseuche auslösen kann. Da sie zudem kleine Krümelchen aus ihrem Kropf erbricht und winzige Kotkügelchen verstreut, ist sie ein hochpotenter Verteiler von Infektionen. Mehr als 40 humanpathogene Erreger konnten auf Kakerlaken bislang nachgewiesen werden. Polio,

Gelbfieber, Typhus, Lepra, Milzbrand, Salmonellen, Tuberkulose, Cholera … – die Liste der Krankheitskeime, die sie unabsichtlich unters Volk brachten und bis heute bringen, ist lang, besonders dort, wo die Hygienebedingungen katastrophal sind, also in vielen Ländern der Dritten Welt. Bis zu 72 Stunden bleiben Erreger am Kakerlakenkörper haften, eine Kontamination ist somit etwa drei Tage lang möglich. Nach dem deutschen Infektionsschutzgesetz gelten Kakerlaken also völlig zu Recht als Gesundheitsschädlinge.

In einem New Yorker Krankenhaus reagierten von 600 Allergikern 70 Prozent anfällig auf Kakerlaken. Mit 59 Prozent lagen die Puertoricaner vorn, es folgten mit 47 Prozent Afro-Amerikaner und Italiener mit 17 Prozent. Am unempfindlichsten waren Juden mit fünf Prozent. Die Zahlen entsprechen ungefähr dem durchschnittlichen Kakerlakenvorkommen in Haushalten dieser Ethnien.

Die Anwesenheit der Hygieneschädlinge kann Ursache für schwere Asthma-Anfälle sein. Allein in den USA sollen mehr als 15 Millionen Menschen unter nachweislich durch Kakerlaken ausgelöstem Asthma leiden. Vergleichbare Zahlen liegen für Deutschland nicht vor, deshalb hier ein anderer Vergleich: Bei einer Untersuchung von 145 Seeleuten, die unter deutscher Flagge fuhren, fand das Zentralinstitut für Arbeitsmedizin heraus, dass mehr als ein Viertel von ihnen im Haut-Pricktest gegen Allergene von Schaben sensibilisiert waren. Die Ursache: Auf den meisten Schiffen tummeln sich jede Menge Kakerlaken, und eine Befragung der Matrosen zeigte, dass etwa zwei Drittel von ihnen schon mehrere Jahre auf von Kakerlaken befallenen Schiffen arbeiteten, also über einen langen Zeitraum direkt oder indirekt Kontakt zu den Tieren gehabt hatten. Forscher, die jahrelang mit Kakerlaken arbeiten, klagen häufig über Hautirritationen und Probleme mit den Stirn- und Kiefernhöhlen.

Bislang sei die Allergie auf Kakerlaken kein Problem für die Bevölkerung, erklärte der Präsident der Deutschen Gesellschaft für Allergologie und klinische Immunologie, Professor Gerhard Schultze-Werninghaus. Angesichts des allergenen Potentials der Schädlinge könnte sich dies allerdings jederzeit ändern.

Um die Risiken von Krankheiten, die durch Kakerlaken übertragen werden, weiß auch Michael Faulde. Er kümmert sich um die hygienischen Bedingungen bei Auslandseinsätzen deutscher Soldaten, vor allem in Afghanistan und einigen Ländern Afrikas. Der habilitierte Insektenforscher leitet die Laborgruppe Medizinische Zoologie am Zentralen Institut des Sanitätsdienstes der Bundeswehr in Koblenz. Faulde sagte dem stern: »Es ist gerade der kleine Feind, den die Soldaten nicht sehen, den sie oft nicht kennen und nicht beurteilen können, der viel Panik hervorrufen kann.«

Sein Auftrag ist es, die Soldaten vor deren Angriffen zu schützen, denn ein kranker Soldat kann seine Aufgabe nicht erfüllen. Für Faulde steht fest, dass Kakerlaken die Ursache vieler Salmonelleninfektionen sind – auch jener in deutschen Krankenhäusern, über die man immer wieder liest. Dafür sei der oft sorglose Umgang mit infizierten organischen Materialien wie Krankenhausabfall, Urin, Fäkalien und faulenden Nahrungsmittelresten verantwortlich.

Natürlich beunruhigen Faulde nicht nur die Kakerlaken in Kriegs- und Krisengebieten, auch andere Viecher machen ihm und unseren Soldaten das Leben schwer. Im afghanischen Masar-i-Scharif kämpfen die deutschen Truppen zum Beispiel gegen eine winzige Sandmücke. Das Insekt überträgt einzellige Parasiten, die Leishmaniose auslösen, eine Krankheit, bei der sich Geschwüre auf der Haut bilden. Die sogenannten Orientbeulen hinterlassen üble Narben.

Als sich im April 2003 in der Sieben-Millionen-Stadt Hongkong die lebensgefährliche Lungenkrankheit SARS (Schweres Akutes Atemwegssyndrom) in rasender Geschwindigkeit ausbreitete, schloss die Gesundheitsbehörde nicht aus, dass Kakerlaken den Erreger über Abwasserrohre in den dicht besiedelten Stadtteil Kowloon getragen haben könnten. Allein dort waren innerhalb von zehn Tagen mehr als 40 Menschen an SARS erkrankt. In der ganzen Stadt wurden damals 928 infizierte Kranke registriert, 25 Menschen waren bereits an SARS gestorben, weshalb die Behörden eifrig nach der Ursache der raschen Verbreitung forschten. »Das Abwassernetz kann ein Grund sein«, sagte der stellvertretende Direktor der Hongkonger Gesundheitsbehörde, Leung Pak Yin, einem lokalen Radiosender. »Es ist möglich, dass die Kakerlaken das Virus in die Häuser getragen haben.«

Bei der Krankheit traten zunächst Symptome wie bei einer Erkältung auf, die allerdings bis zur Lungenentzündung führen konnten. Mit einer Sterblichkeitsrate von rund vier Prozent verläuft SARS aber weitaus seltener tödlich als eine Grippe.

SARS war erstmals Ende 2002 aufgetreten, in der südchinesischen Provinz Guangdong, wo die Weltgesundheitsorganisation (WHO) auch den Ursprung der Krankheit vermutete. Durch Flugreisende hatte sich die bis dahin unbekannte Krankheit von Asien aus in mehr als zwanzig weitere Länder verbreitet. Als Erreger wurde bald ein neuer Coronavirus identifiziert, der offiziell SARS-assoziiertes Coronavirus (SARS-CoV) getauft wurde. Wie sich herausstellte, war die Krankheit vermutlich von dem Koch eines Spezialitätenrestaurants für wilde Tiere in Shenzen (Südchina) ausgegangen, der seinen Gästen Schleichkatze, eine in dieser Region hoch willkommene Delikatesse, serviert hatte. Die Schleichkatze wurde später als Hauptwirt für den Virus ausgemacht.

Untersuchungen bestätigten schließlich die Vermutung von Leung Pak Yin: Die mechanische Übertragung der Viren haben – neben Fledermäusen – vor allem Kakerlaken besorgt, und zwar als Vektor (Transportwirt), ohne selbst zu erkranken.

Ebenso schnell wie SARS auftauchte, war es wieder verschwunden, jedenfalls aus den Medien. Nicht auszuschließen ist, dass in unzugänglichen Gegenden immer noch Menschen infiziert werden und vielleicht sogar daran sterben, ohne dass die Weltöffentlichkeit davon erfährt. Denn Kakerlaken, das wissen wir ja inzwischen, gibt es immer und überall.

Noch Mitte des 19. Jahrhunderts kursierte in Großbritannien ein Spruch, den der Wissenschaftler Frank Cowen in sein Buch *Curios Facts in the History of Insects* aufgenommen hat: »Wenn eine Küchenkakerlake in dein Zimmer kommt oder dich im Fluge streift, folgen bald darauf schwere Krankheit und der Tod.«

Nun fragt man sich zwangsläufig: Warum werden Kakerlaken selbst nicht krank von den vielen Bakterien und Keimen, die sie mit sich herumschleppen? Ganz einfach: Sie produzieren ihre eigene Medizin. Simon Lee von der Universität Nottingham hat Kakerlaken und Heuschrecken auf ihre antibiotischen Eigenschaften hin untersucht und wies nach, dass im Oberschlundganglion (entspricht in seinen Funktionen in etwa denen des Gehirns von Wirbeltieren) und im Nervensystem mehr als 90 Prozent der multiresistenten und krankheitserregenden Staphylokokken und Kolibakterien (bekannt als Krankenhauskeime) abgetötet werden. Bis zu neun verschiedene im Gewebe entdeckte Moleküle mit antibiotischer Wirkung waren für diese Bakterien zu giftig.

Für Lee war diese Entdeckung keine Überraschung: »Insekten leben meist in äußerst unhygienischen und ungesunden Umgebungen, wo sie auf viele verschiedene Krankheitsheitserreger treffen. Da ist es nur logisch, dass sie ihre eigenen Abwehrstrategien gegen Mikroorganismen entwickelt haben.«

Das Beste aber: Diese Substanzen sind für menschliche Zellen ungefährlich und können somit vielleicht zu wertvollen Medikamenten gegen Krankheitserreger werden, gegen die mit herkömmlichen Antibiotika nichts mehr auszurichten ist.

Ab ins Labor!

Wie aus Kakerlaken Roboter werden

Geht es um die Integration von Fremden, legen Kakerlaken eine ungewöhnliche Toleranz an den Tag – zumindest, wenn sie von Wissenschaftlern überrumpelt werden. Gelungen ist diese Sensation Biologen und Technikern aus Frankreich, Belgien und der Schweiz.

Schon seit Jahren arbeiten die Wissenschaftler der Universität Brüssel an mathematischen Modellen von Tierverhalten. Die dabei gewonnenen Erkenntnisse haben sie mit Robotik verknüpft, um herauszubekommen, ob sich Gruppen bildende Insekten in ihrem kollektiven Verhalten manipulieren lassen. Entwickeln sie trotz ihrer eingeschränkten Kommunikationsmöglichkeiten so etwas wie eine Schwarmintelligenz? Und wenn ja: Kann man dieses Verhalten gezielt steuern?

»Roboter könnten dazu genutzt werden, neue Verhaltensmuster in Gruppen in Gang zu setzen«, schreibt der Brüsseler Biologe José Halloy im US-Journal *Science*. »Die kleinen Tiere haben kein Telefon, kein Fernsehen, kein Internet, und ein großes Gehirn haben sie auch nicht. Dennoch können sie intelligente kollektive Entscheidungen treffen. Wir möchten wissen, wie das funktioniert.«

Doch anders als Flöhe sind Kakerlaken wenig kooperativ und ignorieren jeden Dressurversuch. Darum mussten künstliche Kakerlaken her, die das Kommando übernahmen.

Im Rahmen des europäischen Leurre-Projekts (französisch »leurre« = »Köder«) konzipierten Ingenieure der Eidgenössischen Technischen Hochschule (ETH) Zürich mehrere Roboter, die in eine Gemeinschaft Amerikanischer Kakerlaken eingeschleust werden sollten. Herausgekommen ist einer der wohl kleinsten intelligenten Roboter weltweit (abgesehen von Nano-Robotern).

Die Eindringlinge namens »Insbots« (die Abkürzung für »insect robots«), mit denen die Forscher die Krabbelgruppe infiltrierten, waren mit einem Fahrgestell und einem Dutzend Infrarotsensoren ausgestattet. Den Sechsbeinern sahen sie nicht gerade ähnlich, aber mit einem Trick verhinderten die Forscher, dass die Tiere vor den größeren Insbots Reißaus nahmen: Sie beklebten die Maschinenwesen mit einem Stück Papier, das sie mit einem Molekül-Cocktail aus künstlich hergestellten Kakerlaken-Pheromonen durchtränkten. Von diesem Parfum umhüllt, rochen die etwa zündholzschachtelgroßen Insbots plötzlich wie Artgenossen und wurden für die Kakerlaken liebenswert.

Die Roboter, die auf das Verhalten von Kakerlaken programmiert wurden, arbeiteten mit speziell entwickelten Algorithmen, die auf Signale einzelner Insekten reagierten. Dank ihrer Software bewegten sie sich in der Kolonie autonom: Sie mieden helle, offene Flächen, suchten dunkle Plätze auf, konnten aber gleichzeitig vom Verhalten der anderen Kakerlaken beeinflusst werden.

Vier derart präparierte Maschinenwesen setzten die Forscher mit einer Gruppe von zwölf Kakerlaken in eine Versuchsarena, in der sich zwei schattige Unterstände befanden. Gewöhnlich scheuen Kakerlaken das Licht und versammeln sich nach einiger Zeit in den dunklen Ecken – so auch in diesem Fall. Dabei folgten sie einigen wenigen Grundregeln: Ruht sich eine Schabe für eine Weile aus, ist die Wahrscheinlichkeit hoch, dass sich eine andere zu ihr gesellt, weil Kakerlaken bevorzugt dahin streben, wo bereits mehrere Artgenossen zusammen sind. Umgekehrt verlassen sie einen solchen Pulk nur selten, um die Umgebung auf eigene Faust zu erkunden.

Zunächst verhielten sich die Insbots wie die übrigen Kakerlaken und folgten ihnen in einen der Unterstände. Bewegten sich die Roboter durch Impulse der Techniker aber hin und wieder aus der künstlich abgedunkelten Nische ins Licht und verharrten dort, stießen mit der Zeit andere Kakerlaken hinzu – entgegen deren Neigung, helle Zonen zu meiden, aber im Einklang mit den Verhaltensgrundregeln. »Etwa 60 Prozent der Kakerlaken folgten den Insbots«, so José Halloy auf *Zeit online*: »Kleine Änderungen im individuellen Verhalten können so eine große Änderung im kollektiven Verhalten auslösen.«

Mit diesen aufwendigen Versuchen, die sich über Jahre hinzogen, wurde bewiesen, dass künstliche Artgenossen das Verhalten einer ganzen Tiergruppe lenken können. Ein Beispiel für das Phänomen kollektiver Selbstorganisation, in dem wenige Grundregeln genügen, um ein neues Verhaltensmuster zu kreieren.

Wäre es da nicht interessant, intelligente Gesellschaften von Tieren zu erschaffen? Eine mögliche praktische Anwendung ihrer Arbeit sehen die Leurre-Forscher jedoch in der Bekämpfung von Ungeziefer. Anstatt es mit Giften auszuräuchern, könnten Roboter, als unverdächtige Artgenossen getarnt, die missliebigen Insekten aus ihren Verstecken locken.

Wenn Kakerlaken also nicht aus der Küche verschwinden wollen, könnte man einfach eine Roboterrevolte in ihren Reihen anzetteln und sie wie der Rattenfänger von Hameln herauslocken. Aber das, so die Forscher, seien derzeit noch Langzeitvisionen.

Immerhin ist interessant zu hören, was ein hochrangiger Mitarbeiter des Projekts, Grégory Sempo, seines Zeichens Verhaltensbiologe an der Université Libre de Bruxelle, dazu auf Spiegel online sagt: »Die Roboter hatten insgesamt eine geringere Intelligenz. Kakerlaken haben eine Menge mehr drauf.«

Mit Kakerlaken als Hightech-Piloten hat der kanadische Robotikbastler Garnet Hertz Furore gemacht. »Cockroach Controlled Mobile Robot # 2« nannte er seine Hybrid-Konstruktion, in der eine Kakerlake mit einem mechanischen System interagiert. Man könnte auch sagen: Sie steuert ein Auto.

Hertz' kniehoher Bioroboter aus Leichtmetall übersetzt die Aktion einer Fauchkakerlake in die Fortbewegung der dreirädrigen Maschine: Das Tier läuft auf einem in der Mitte der Maschine fixierten Ball, der aussieht wie eine Billardkugel und wie ein Computer-Trackball funktioniert. Er treibt die Maschine genau in jene Richtung, welche die Kakerlake einschlagen würde, wäre sie auf dem Boden unterwegs. Elektrische Sensoren analysieren ständig die Laufrichtung und übertragen sie auf winzige Motoren, so dass der Roboter stets in die vom »Piloten« bevorzugte Richtung rollt. Eingebaute Lichtwarnsysteme verhindern, dass die Kombination aus Tier und Maschine gegen Wände oder Hindernisse rumpelt. Weil Schaben allergisch auf Licht reagieren, baute Hertz rund um den Ball Leuchtdioden ein. Sie leuchten auf, sobald die Kakerlake sich einem Hindernis nähert. Dann heißt es aufpassen. Erst wenn das Hindernis sicher umgangen wurde, verlöschen die Lichter wieder. Ob sein Mobile Robot je für kommerzielle Zwecke eingesetzt wird, ist Hertz egal. Ihm ging es darum, mit seinem Hybrid die grenzenlose Instrumentalisierung der Tierwelt aufzuzeigen, die immer nach dem gleichen Schema abläuft: dem Reiz-Reaktionsprinzip. Es sei möglich, so Hertz, die Tiere auch selbständig agieren zu lassen. Und so ist es keine Ironie, dass die Kakerlake – im Wortsinn – das Steuer übernommen hat. Allerdings ist nicht eindeutig geklärt, ob das Insekt den Roboter beherrscht oder umgekehrt.

Sehr konkrete Vorstellungen haben hingegen Forscher des Texas A&M University's Nuclear Security Science and Police Institute. Sie planen, mit einer Kakerlaken-Armee in den Krieg zu ziehen. Da Kakerlaken nicht nur, wie erwähnt, gegen radioaktive Strahlung gefeit sind, sondern auch mühelos ein Vielfaches ihres eigenen Gewichts auf dem Rücken tragen können, wollen die Wissenschaftler sie mit drei Gramm schweren Sensoren beladen, die unterschiedliche radioaktive Materialien registrieren. Eines Tages sollen die so präparierten Insektenteams ferngesteuert in radioaktive Häuser und Gelände vordringen, die für den Menschen zu gefährlich wären. Bei einem Einsatz könnten sie ein Gebiet von bis zu einem Quadratkilometer erkunden und dank der Sensoren und Kommunikationssysteme automatisch über die Lage vor Ort berichten. Denn dank ihrer Kondition sind Schaben in der Lage, 35 Minuten am Stück zu laufen, trotz der Last auf ihrem Rücken. Der Operator steuert sie dabei per Funksignal: Er übt Druck auf bestimmte Körperstellen der Kakerlake aus, wodurch deren Beinmuskeln stimuliert und das Tier in alle gewünschten Richtungen dirigiert wird. Nur rückwärts laufen kann sie nicht.

Auch in der Autoindustrie weckten Kakerlaken ein Begehren. So wurde der japanische Autokonzern Honda angeblich bei Insektenforschern in St. Petersburg vorstellig, um 100000 Exemplare der besonders schnellen und wendigen Art Blatella germanica zu beziehen. Für die ersten 1000 Exemplare sollen 5200 Dollar geboten worden sein. Die Autobauer wollten herausfinden, ob man die Fähigkeiten der Kakerlaken auch für den Bau von Fahrzeugen nutzen könnte. Beinahe 20 Jahre ist das inzwischen her. Was aus der Beteiligung von Kakerlaken am Automobilgeschäft geworden ist, war nicht herauszubekommen. Bislang fährt jedenfalls kein »Honda Kakerlak« als Nachfolger des VW Käfer auf deutschen Straßen.

Die Anatomie der Kakerlake hat indes Ingenieure der südkoreanischen Marine inspiriert, einen unbemannten Tauchroboter zu entwickeln. Spätestens 2016 soll er einsatzbereit sein. Der erste computeranimierte Prototyp des Tauchgeräts, das aus rostfreiem Stahl bestehen wird, sieht dem sechsfüßigen Insekt tatsächlich verblüffend ähnlich. Die »Rettungskakerlake« soll zur Bergung von Menschen aus untergegangenen Schiffen in der Tiefsee eingesetzt werden, denn noch immer ist Südkorea traumatisiert vom Untergang der Fregatte *Cheonan*, bei dem im Frühjahr 2010 Dutzende Seeleute ums Leben kamen. Ein Tauchroboter, hieß es später in den Untersuchungsberichten, hätte das leckgeschlagene Schiff vermutlich schneller auf dem Meeresboden aufgespürt, denn die »Rettungskakerlake« bringt es dort unten angeblich auf eine Höchstgeschwindigkeit von 100 Stundenkilometern – krabbelnd. Wenn sie schwimmt, erreicht sie höchstens 80 Stundenkilometer.

Der thailändische Neuroinformatiker Poramate Manoonpong vom Göttinger Bernstein Center of Computational Neuroscience hat sich Kakerlaken ebenfalls zum Vorbild erkoren, als er sich daranmachte, eine laufende Maschine zu konstruieren, die in unwegsamem Terrain selbständig ihren Weg findet. Das sechsbeinige Wesen, 2010 erstmals im britischen Wissenschaftsjournal Nature vorgestellt, ist vierzig Zentimeter lang, verfügt über achtzehn Motoren, ein Rückengelenk, damit es über Hindernisse klettern kann, Kameras, Beschleunigungsfühler, Neigungsmesser sowie einen Taschencomputer, in dem das »Gehirn« steckt. Das fertige Modell ließ er einen schwierigen Parcours durchlaufen, in welchem ein paar feine Überraschungen auf die Maschine lauerten: Löcher, Abhänge und Steigungen.

Damit die mechanische Kakerlake überhaupt eine Chance hatte, programmierten die Konstrukteure eine lernfähige Steuerungssoftware, eine Art neuronales Netzwerk, dessen Befehle die Motoren in den Beinen aktivierten. Dieses elektronische Gehirn ist extrem simpel, es besteht nur aus zwei simulierten Neuronen. Trotzdem lernte diese Roboter-Kakerlake – zum Beispiel beim Erklimmen einer Steigung – innerhalb von Sekunden, welche Gangart sie ohne unnötigen Energieaufwand nach oben bringt. Oder sie drosselte bergab von sich aus das Tempo. Ein eingebauter Chaos-Generator erlaubte ihr, selbständig ein Bein zu befreien, das sich in einem Loch verfangen hatte. Dabei halfen ihr Drucksensoren an den Füßen. Diese verraten dem Roboter, ob ein bestimmter Fuß auf dem Boden steht oder nicht.

Sobald ein Fuß keinen Halt findet, löst die Sensoreninformation ein chaotisches Verhalten aus: Der Roboter beginnt, alle sechs Beine zufällig zu bewegen, um einen Ausweg zu finden. Das tut er so lange, bis er den gefangenen Fuß befreit hat. Kaum 20 Sekunden dauerte es beim ersten Versuch, dann war der verhakte Fuß wieder frei.

Dass Kakerlaken mit pawlowschen Reflexen reagieren, wenn man ihr Verhalten manipuliert, haben Wissenschaftler der japanischen Tohoku University, Graduate School of Life Sciences entdeckt. Sie nahmen sich das Experiment des russischen Wissenschaftlers Ivan Pawlow zum Vorbild, der Hunde so konditionierte, dass sie beim Erklingen einer Glocke begannen, Speichel zu produzieren.

Die Japaner besprühten Küchenkakerlaken mit Pfefferminzduft, den diese verabscheuen, gleichzeitig durften sie aber Zucker naschen. Auf Zucker reagieren sie, indem sie Speichel absondern – auch zusammen mit dem unliebsamen Pfefferminzduft. Nach einer längeren Gewöhnungsphase ließen die Forscher den Zucker weg und besprühten sie nur noch mit Pfefferminzaroma. Das Resultat: Die Tiere reagierten mit Speichelfluss. Sie hatten tatsächlich gelernt, dass der Duft von Pfefferminz mit leckerem Zucker gekoppelt ist.

Für die Wissenschaftler um Makato Mizunami war das der Beweis, dass Kakerlaken ein Gedächtnis haben und lernfähig sind. »Den Mechanismus des Lernens bei Insekten zu verstehen kann helfen, die Funktion des menschlichen Gehirns besser nachzuvollziehen«, sagte er dem Online-Fachmagazin *Library of Science*. »Es gibt viele, viele gemeinsame Charakteristika.« Nun hofft er, demnächst neue Erkenntnisse darüber zu gewinnen, in welchem Teil des Gehirns das Lernen stattfindet.

Kakerlaken sind dumm am Morgen und Genies am Abend. Das fanden Biologen der Vanderbilt University heraus. Sie wollten wissen, ob die Lernfähigkeit der Insekten einer inneren Uhr unterliegt. Für ihre Studie hatten sie sich Exemplare der Art Leucophaea maderae ausgesucht. Denen brachten sie bei, Pfefferminzduft mit Zuckerwasser zu assoziieren. Um herauszubekommen, ob und wie sich die Lernfähigkeit im Laufe des Tages verändert, trainierten sie die Versuchstiere zu unterschiedlichen Zeiten. Die am Abend oder mitten in der Nacht unterrichteten Kakerlaken erinnerten sich noch viele Tage später an den Zusammenhang von Pfefferminz und Zuckerwasser. Die Morgen-Lerner dagegen waren völlig unfähig, sich überhaupt neue Dinge zu merken.»Das ist das erste Beispiel eines Insekts, dessen Lernfähigkeit von der inneren Uhr kontrolliert wird«, erklärte Terry L. Page, Professor für Biowissenschaften, in der Fachzeitschrift *Proceedings of the National Academy of Science*. »Uns hat überrascht, dass die Defizite am Morgen so fundamental waren. Bisher haben wir keine Ahnung, warum das so ist.«

In den USA haben sich im Auftrag der NASA Ingenieure und Neurobiologen vom Biorobotics Laboratory an der Case Western Reserve University in Cleveland zusammengetan, um Roboter für den Einsatz auf dem Mond zu entwickeln. Dabei vertrauen sie dem Know-how der Kakerlaken, genauer gesagt, deren perfektem Zusammenspiel von Anatomie, Mechanik und Nerven. Während Techniker eine große stählerne Kakerlake bauten, arbeiteten die Biologen mit lebenden Tieren, um die neuronalen Abläufe zu ergründen, die es den Insekten ermöglichen, auf Hindernisse immer richtig und rechtzeitig zu reagieren. Wie setzen sie zum Beispiel ihre Fühler ein, um herauszufinden, ob sie unter einem Hindernis hindurchkriechen oder drüberklettern müssen?

Zu diesem Zweck untersuchten sie Kakerlaken, die Schäden an verschiedenen Stellen des Nervensystems aufwiesen. Aus den daraus resultierenden motorischen Schwierigkeiten leiteten sie die Steuermechanismen ab. Laufend wurden neue Erkenntnisse der Biologen an der Roboter-Kakerlake getestet, wodurch sich simple neurologische Muster überprüfen und modellieren ließen.

An einem ähnlichen Projekt forschte ein Team an der University of California unter der Leitung von Robert Full. Ziel der Forschung war auch hier herauszufinden, wie Kakerlaken es schaffen, selbst bei Höchstgeschwindigkeit alle Hindernisse zu meistern. Mit einem höchst eigenwilligen Versuch gingen die Forscher zu Werke: Sie konstruierten winzige Kanonen, befestigten diese auf dem Rücken der Insekten und zündeten sie in willkürlichen Abständen, um die Tiere aus dem Gleichgewicht zu bringen. Überraschenderweise rappelten sich die Kakerlaken jedes Mal viel schneller wieder auf als erwartet. Bei dem Manöver konnte das zentrale Nervensystem also nicht beteiligt gewesen sein, denn dessen Steuermechanismus wäre dafür viel zu langsam gewesen.

Wie also war das möglich? Bei weiteren Tests stellte sich heraus, dass die Tiere auch einen komplizierten Parcours bewältigen konnten, ohne das Gehirn zu beteiligen. Offenbar schalteten sie die zentrale Kontrolle einfach ab. Demnach scheint der Geh-Apparat ein eigenständiges komplexes und dynamisches System zu sein, das dem Gehirn erlaubt, sich zeitgleich auf andere wichtige Aufgaben zu konzentrieren.

Am Queen Mary College der Universität London wurde 2007 entdeckt, dass Kakerlaken auch dann der Herdentrieb packt, wenn es ums Fressen geht. Die übervorsichtigen Insekten suchen am liebsten Stellen auf, wo sich bereits Artgenossen den Bauch vollschlagen, das heißt, sie gehen selten unabhängig voneinander auf Futtersuche, vielmehr werden sie von ihren Kollegen gewissermaßen angezogen. So jedenfalls verhält sich die Deutsche Kakerlake, mit der die Forscher experimentierten. In einer Testarena von einem Quadratmeter setzten sie mehrere hungrige Tiere aus, die sich zwischen zwei identischen Scheiben Brot entscheiden konnten. Die Schaben verteilten sich nicht gleichmäßig auf beide Plätze, wie man vermuten könnte. Stattdessen versammelte sich die Mehrzahl der Tiere bei einer Brotscheibe und fraß so lange gemeinsam, bis der letzte Bissen vertilgt war; dann erst fielen sie über die andere Scheibe her. Dies hat sich in mehreren Folgeversuchen mit wechselnden Gruppen von 50 bis 200 Tieren bestätigt. Die Tiere trafen also eine kollektive Entscheidung. Und je größer die Gruppe war, desto weniger verspürten die Kakerlaken das Bedürfnis, diese Gruppe wieder zu verlassen. Sie handelten nach dem Prinzip: Das scheint ein prima Platz zum Dinner zu sein. Es schmeckt, und es droht keine Gefahr, die anderen sind ja auch hier.

Je mehr Kollegen da sind, desto besser, da sicherer erscheint der Fressplatz also. Diese genetisch implantierte Schwarmintelligenz scheint ein Akt der Selbsterhaltung zu sein, glaubt zumindest der Leiter des Projekts, Mathieu Lihoreau, und legt Wert auf die Feststellung: »Ich forsche nicht an Kakerlaken, um Mittel zu finden, sie auszurotten. Mich interessieren die Tiere, ich will sie verstehen. Sie können uns eine evolutionäre Lektion erteilen, wie eine Gesellschaft funktioniert.«

Diese einfache und effektive Art der Selbstorganisation bei der Nahrungssuche sei sicher ein Grund für den großen Erfolg der Kakerlaken, so Lihoreau. »Unsere Beobachtungen lassen uns vermuten, dass Kakerlaken durch engen Kontakt miteinander kommunizieren, wenn sie sich an einem Futterplatz befinden.«

Diese Kommunikation gilt bis heute als mysteriös. Lihoreau vermutet, es handele sich bei den Signalen untereinander um eine Verbindung im Speichel oder auf dem Chitinpanzer der Tiere. Diese Kurzstrecken-Kommunikation könnte als Vorbild für technische Lösungen dienen – auf jeden Fall aber zur Bekämpfung von Kakerlaken genutzt werden.

David Rollo von der McMaster University in Hamilton (Kanada) machte eine andere erstaunliche Entdeckung: Die Moleküle schlichter Fettsäuren, die von verletzten oder toten Kakerlaken verströmt werden, versetzen die lebenden Artgenossen in Aufregung. Dabei hatte er eigentlich herausfinden wollen, mit welchen Duftstoffen die Kakerlaken ihresgleichen anlocken, nicht umgekehrt. Kakerlaken suchen das Weite, wenn sie einen Kumpel erschnuppern, der Ölsäure oder Linolsäure absondert, denn für sie bedeutet der Geruch Verwesung oder Tod; und einem toten Körper sollte man tunlichst aus dem Weg gehen, weil er sehr wahrscheinlich todbringende Krankheitserreger beherbergt. Dass ein solcher Todesgeruch die Tiere in Angst und Schrecken versetzt, haben die Forscher herausgefunden, indem sie Stellen mit dem Extrakt kranker oder toter Tiere markierten. »Diese Stellen mieden die Kakerlaken wie die Pest«, sagte Rollo. Bei Landasseln und Schmetterlingsraupen wurde eine ähnliche Wirkung beobachtet.

Dieser Fluchteffekt scheint allerdings nur auf einige Arten der Kakerlaken zuzutreffen. Denn andere von ihnen sind bekanntlich Kannibalen, die auch vor toten Artgenossen nicht zurückschrecken, wenn der Hunger sie übermannt.

Eine vergleichbare Entdeckung machte in den 50er Jahren der Evolutionsbiologe Edward Wilson bei Ameisen: Er beträufelte völlig gesunde Tiere mit Ölsäure, die daraufhin von ihre Artgenossen gepackt und auf den Friedhof ihrer Kolonie verfrachtet wurden. Ein interessanter Aspekt am Rande: Dieses Entsorgungsverhalten wurde nur bei den Arbeiterinnen unter den Ameisen ausgelöst; die Soldatinnen des Volkes mieden den Leichengeruch und näherten sich den vermeintlich toten Tieren nicht.

Kakerlaken klären sogar Morde auf. Wenn es um menschliche Leichen geht, werden Schaben manchmal als Zeugen aufgerufen. Niemand weiß das besser als Mark Benecke, einer der weltweit führenden Kriminalbiologen. Sogar vom FBI wird er zu Hilfe gerufen, wenn es darum geht, den Zeitpunkt eines Deliktes präzise festzulegen oder die Todesursache zu ermitteln.

Er berichtet vom ersten bekannten Fall in der forensischen Entomologie, einem Messerstich mit Todesfolge in einem Reisfeld in China. Die Tat ereignete sich im 13. Jahrhundert und konnte damals unter Mithilfe von Fliegen aufgeklärt werden: Am Tag nach dem Mord forderte der Untersuchungsbeamte Song Chi alle Feldarbeiter auf, ihre Sicheln vor sich auf den Boden zu legen. Er wusste, dass an einer Sichel noch Blut klebte, wenn auch für das menschliche Auge unsichtbar, und darauf würden sich nach kurzer Zeit Schmeißfliegen niederlassen. So war es dann auch, und der Mörder war überführt.

Kakerlaken spielten dann bei einer mutmaßlichen Kindstötung im Mai 1898 eine entscheidende Rolle. Der Fall: Ein Vater in der Nähe von Frankfurt am Main war wegen Mordes an seinem neun Monate alten Baby verhaftet und angeklagt worden, weil der herbeigerufene Arzt verdächtige Spuren im Gesicht des Kindes entdeckt hatte, aus denen er folgerte, der Vater habe das Kind misshandelt und versucht, mit Schwefelsäure zu töten. Der Mann wurde noch am selben Tag festgenommen.

Bei der Autopsie drei Tage später diagnostizierte der Gerichtsmediziner Flecken an der Nase, den Wangen und dem Mund des Babys. Die Zungenspitze blutete. Innere Verletzungen stellte er nicht fest. Auch andere Auffälligkeiten passten nicht in das Szenario eines Kindsmordes. Stattdessen überraschte der Doktor die Kriminalbeamten und die Familie mit den wahren Urhebern der Flecken: Kakerlaken seien dafür verantwortlich. Das Baby starb offenbar nachts eines natürlichen Todes. Der Vater des Kindes wurde freigelassen. »Bei diesem Delikt wurde also nachgewiesen, dass Kakerlaken postmortale Schäden verursachen können, die wie Folgen von Misshandlung aussehen.«

Ein ähnlicher Fall ereignete sich im April 1899 in Polen. Die Autopsie eines toten Kindes ergab keine

Hinweise auf innere Verletzungen. Doch im Gesicht, an der Nase, den Lippen und am Kinn stellte der Pathologe verdächtige Abschürfungen fest. Weitere Stellen entdeckte er am Nacken, an den Genitalien und einigen Fingern. Natürlich dachte er sofort an ein Gewaltverbrechen.

Zusammen mit der Polizei suchte er die Mutter auf. Sie gab zu Protokoll, sie sei kurz nach dem Tod ihres Kindes fortgegangen, um die Beerdigung vorzubereiten. Bei ihrer Rückkehr nach Hause sei der Leib des Kindes von einem Schwarm Kakerlaken bedeckt gewesen wie mit einem schwarzen Leichentuch. Sie habe die Tiere verscheucht, aber keinerlei Abschürfungen an der Leiche bemerkt. Der Pathologe wusste die Lösung: Sie konnte gar keine Abschürfungen gesehen haben, denn diese zeigen sich erst später, wenn die Haut beginnt auszutrocknen. Es handelte sich also nicht, wie zunächst vermutet, um ein Gewaltverbrechen. Auch dieses Kind war ziemlich sicher ohne Fremdeinwirkung gestorben.

Beide Fälle schrieben Geschichte und stehen heute in den Standardwerken für Pathologen und Gerichtsmediziner.

Geschichte wurde im April 2010 am Imperial College in London geschrieben: Dort erschufen Experten das erste 3D-Modell einer Kakerlake. Sie kreierten – dies als kleiner verallgemeinernder Sprung – ein virtuelles Fossil, indem sie von einem versteinerten, 300 Millionen Jahre alten Vorfahren der modernen Kakerlake namens Archimylacris eggintoni in einen Computertomografen 3142 Röntgenbilder aufnahmen und diese mit einer speziellen Software zu einem einzigartigen Computermodell zusammenfügten. »Es war schon komisch«, so der Leiter des Digitalisierungsprojekts Russel Garwood, »überall auf der Welt versuchen die Menschen, Kakerlaken zu töten – und wir erwecken sie zum Leben.«

Das Modell lieferte den Experten Hinweise darauf, wie sich die Kakerlake früher bewegte und wo sie sich bevorzugt aufhielt: auf dem weichen Blätterteppich der Urwälder, von wo aus sie dank ihrer Klauenfüße rasch auf die Bäume flüchten konnte, sobald sich Feinde näherten.

Kakerlaken – wir wissen es längst – sind große Könner, und zwar auf vielen Gebieten. Kein Wunder, sie haben schließlich einen Entwicklungsvorsprung von Jahrmillionen. Um bis heute überleben zu können, mussten sie lernen zu improvisieren und bildeten auf diese Weise optimierte Mechanismen heraus. Diesen Erfahrungsschatz will die Abteilung Bionik an der Hochschule Bremen nutzen. Bionik heißt, von Tieren und Pflanzen oder anderen Vorbildern aus der Natur zu lernen und das Abgeschaute für neue Techniken und Formen umzusetzen. Voller Staunen und Bewunderung haben die Bremer Bioniker sich das Landeverhalten der Argentinischen Waldkakerlake (Blaptica dubia) vorgenommen und eingehend studiert. Die Kakerlake ist nämlich eine Meisterin im kontrollierten Absturz.

Die Idee, dieser Fähigkeit auf den Grund zu gehen, hatte Tobias Seidl, Raumfahrtingenieur in der Denkfabrik der Europäischen Weltraumbehörde ESA. Während eines Urlaubs in Tunesien sammelte er eine Handvoll Kakerlaken auf und warf sie vom Balkon. »Da habe ich gesehen, dass sie miserable Flieger sind«, erzählte er dem Magazin brand eins. »Sie trudelten irgendwie nach unten. Im Grunde sind sie kontrolliert abgestürzt. Damit waren sie für uns ideale Versuchstiere.«

Denn oft hatte Seidl erlebt, wie Mars-Sonden einfach auf den Boden krachten, sowohl auf der Erde als auch auf dem Planeten. Der Mars ist zu weit entfernt, als dass man die Sonden beim Landen exakt steuern könnte. »Da geht viel kaputt, und mit konventioneller Technik kann man das Problem schlecht lösen.« Eine Sonde verfügt nur über wenig Platz für Technik und Treibstoff. Raumfahrt ist ein Kampf mit dem Gewicht, denn jedes Kilo extra kostet rund 100 000 Euro. »Wir waren auf der Suche nach Alternativen«, sagte Seidl.

Erste Hilfe fand er bei Antonia Kesel, Leiterin des Studiengangs für Bionik an der Fachschule Bremen. Sie arbeitet meistens für die Industrie und folgt dem Leitsatz: Nutzung durch Verstehen statt durch Aufessen. Die Improvisationsgabe der Kakerlaken beeindruckte auch sie. »Tiere funktionieren nicht binär. Sie haben ein Spektrum an Reaktionsmöglichkeiten. Diese Unschärfe ist ein enormer Vorteil gegenüber dem Engineering. Der Mensch sucht immer nach der einen Lösung. Tiere hingegen lehren uns, einen größeren Spielraum zu nutzen. Die Kakerlake ist da keine Ausnahme.«

Mit ihren Kollegen baute Kesel eine Flugarena, verhängte dafür einen Raum mit weißen Stoffbahnen und installierte in 3,50 Meter Höhe eine Plastikröhre, durch die sie die Kakerlaken in die Tiefe schubste. Mit Highspeed-Kameras wurden die Phasen von rund 150 Flügen aufgezeichnet. Ein Computer zerlegte den Film in Einzelbilder und las daraus das Flugmuster ab. »Kopf hoch, Hintern runter, Flügel raus«, so Tobias Seidl. »Dann flogen sie Kurven oder schraubten sich irgendwie abwärts.« Flach wie Eierkuchen schlugen sie auf dem Boden auf, aber meistens auf den Füßen. Dann poppten sie wieder zurück in ihre ursprüngliche Körperform. Fielen die Tiere auf den Rücken, waren sie flugs wieder auf den Beinen und krabbelten ins nächstgelegene Versteck davon.

Diese wichtigen Erkenntnisse sollen der ESA eines Tages dabei helfen, ihre Sonden für weitere Marsmissionen zu optimieren, damit sie auch in Extremsituationen sicher herunterkommen und bei Problemen aus eigener Kraft mit programmierten Impulsen gegensteuern können. Denn Landungen auf dem je nach Zyklus zwischen rund 55 Millionen und 402 Millionen Kilometer von der Erde entfernten Mars sind, wie gesagt, schwer kontrollierbar. Selbst die besten Computer stoßen bei unvorhergesehenen Problemen an die Grenzen ihrer Möglichkeiten, wenn sie Entscheidungen in Echtzeit treffen müssen. Neuronale Architekturen in den Bordcomputern sollen Letzteres eines Tages möglich machen und Raumsonden noch sicherer zum Roten Planeten bringen. Und wer weiß, vielleicht schon in naher Zukunft den ersten Menschen. Der Kakerlake sei Dank.

Doch die Bremer Bioniker wollten auch von dem Flugverhalten der Tiere etwas abgucken. Zu diesem Zweck wurden die Kakerlaken mit einem erwärmten Tropfen Wachs an einer dünnen Stange im Windkanal fixiert. Sobald sie dem Luftstrom ausgesetzt waren, begannen sie die Flügel zu spreizen. Ein Messinstrument zeichnete die aerodynamische Performance auf, die anschließend zur theoretischen Konstruktion von fliegenden Objekten weiterverarbeitet wurde.

Für die bevorstehenden Klimaänderungen scheint die Kakerlake ebenfalls bestens gerüstet zu sein, wie eine aktuelle Studie der University of Queensland in Brisbane ergab. In Ruhephasen setzen die Insekten ihre Atmung bis zu 40 Minuten lang aus. Dieses Phänomen nahmen die Biologen eingehend unter die Lupe und kamen zu dem Ergebnis, dass dies den Tieren in schwierigen Situationen das Leben retten kann: Für ihre Studie wurde das Atemverhalten von Gefleckten Kakerlaken (Nauphoeta cinerea) unter verschiedenen Bedingungen wie etwa hohem CO_2-Gehalt, hoher Sauerstoffkonzentration und verschiedenen Luftfeuchtigkeitswerten untersucht: Die Kakerlaken verschlossen ihre Atemöffnungen, um Wasser zu sparen. In trockener Umgebung nahmen sie kürzere Atemzüge als in feuchter Umgebung. »Kakerlaken verlieren beim Atmen über ihre Atemwege Wasser«, erklärte Studienleiterin Natalie Schimpf im *Journal of Experimental Biology*.

Die Versuche widerlegten allerdings die Theorie, wonach die Tiere unter der Erde auch dort überleben, wo giftige CO_2-Werte herrschen, indem sie nicht mehr atmen. »Sie halten ihren Atem bei hohen CO_2-Konzentrationen nicht länger an als bei niedrigen.«

Die raffinierte Atemtechnik der Kakerlaken habe in der Evolution dazu geführt, dass sie auch trockenere Regionen besiedeln konnten, meint George McGavin von der University of Oxford. »Und das wird ihnen auch das Überleben bei dramatischen Klimaveränderungen erleichtern.«

Experimente an der Berliner Humboldt-Universität zeigten, dass die von Kakerlaken gepflegte zyklische Atmung giftige Sauerstoffkonzentrationen in den Zellen von Insekten vermeidet. Das stark verzweigte Tracheensystem mündet mit mehreren verschließbaren Atemventilen, sogenannten Stigmen, an der Körperoberfläche. Es ist extrem leistungsfähig und erlaubt stoffwechselphysiologische Höchstleistungen. Als Versuchsobjekt hatten sich die Forscher allerdings keine Kakerlaken ausgesucht, sondern die Puppen eines Nachtfalters, des Atlasspinners (Attacus atlas), an denen sie mittels spezieller Sensoren über die Stigmen Sauerstoffkonzentration und Druck im Tracheensystem maßen. Über die Kohlendioxidabgabe wurde gleichzeitig die Atemtätigkeit registriert. Die Tiere reduzierten den Sauerstoffgehalt im Tracheensystem auf etwa ein Fünftel der normalen Luftkonzentration von 21 Prozent. Die geringe Sauerstoffaufnahme führte in der Konsequenz zu einem Anstieg des Kohlendioxids. Dies wiederum hat zur Folge, dass sie ihr Röhrensystem vollständig durchlüften müssen, um das überschüssige Kohlendioxid loszuwerden. Dadurch steigt der Sauerstoffgehalt kurzfristig wieder an. Und was machen sie dann? Sie verschließen ihre Stigmen bis zu einer Stunde, um den Sauerstoff durch die normale Atemtätigkeit wieder sinken zu lassen. Ist der Sauerstoffgehalt auf das übliche Fünftel gefallen, werden die Stigmen nur noch sporadisch geöffnet, um eben diese Konzentration aufrechtzuerhalten.

Überrascht waren die Forscher, dass die Tiere selbst dann diese sehr niedrige Konzentration aufrechterhielten, wenn die Sauerstoffkonzentration in der Umgebung künstlich zwischen 6 und 50 Prozent variiert wurde. So schützen sich vor einer Überversorgung, denn Sauerstoff wird zwar gebraucht, aber zu viel davon wirkt toxisch und schädigt Proteine, Lipide oder die DNA.

»Das physiologische Feintuning hat ein Geschöpf hervorgebracht, das auch in Zukunft locker überleben wird«, so McGavin. Wir Menschen tun gut daran, das zu akzeptieren.

Epilog

Nun, da ich weiß, welch unglaubliche Kreatur von bizarrer Vielfalt die Evolution mit der Kakerlake kreiert hat, fällt mir dies leichter, zweifellos. Freunde fürs Leben werden wir zwar niemals werden, aber meinen Respekt hat sich die Schabe allemal verdient. Oft habe ich sie seit meiner ersten einschneidenden Begegnung in New York wiedergetroffen: in Asien, Afrika, Australien und in vielen Ländern Europas. Doch heute sehe ich sie mit anderen Augen: nicht mehr als ekelerregenden Stammgast eines Hotels wie zu Beginn meiner zunächst feindseligen Nachforschungen, sondern als Überlebenskünstler, der beinahe unversehrt durch alle Zeitalter gegangen ist. Ihre außergewöhnliche Begabung, den Widrigkeiten durch Mensch und Natur zu trotzen, wird die Schabe weiter auf Kurs durch die Geschichte halten, davon bin ich überzeugt – womöglich bis zum Ende aller Tage.

Mit dieser Prognose stehe ich nicht alleine da. »Das letzte Lebewesen auf diesem Planeten wird eine Kakerlake sein, die auf einem Stein sitzt und eine Flechte frisst«, prophezeit auch der amerikanische Entomologe Roger Gold.

Ihre Aussichten sind also wahrlich atemberaubend.

Quellen und Literatur

Bücher

Max Beier: *Schaben*, A. Ziemsen Verlag, Wittenberg 1967

William J. Bell, Louis M. Roth, Christine A. Nalepa: *Cockroaches, Ecology, Behavior, and Natural History*, Johns Hopkins University Press, Baltimore 2007

Alex Boese: *Elefanten auf LSD*, Rowohlt Taschenbuch Verlag, Reinbek 2007

Frank Cowen, J. B. Lippincott u. a.: *Curios Facts in the History of Insects*, Philadelphia 1865

Charles Darwin: *Die Entstehung der Arten*, Nikol Verlag, Hamburg 2008

David George Gordon: *The Eat-A-Bug-Cookbook*, Ten Speed Press, London 1998

Gerald E. Kelly: *Die Kakerlaken und das Heroin: Die Drogen der French Connection*, Gryphon, München 2003

Antonia B. Kesel: *Bionik*, S. Fischer, Frankfurt 2005

Hugh Raffles: *Insectopedia*, Pantheon Books, New York, 2010

Wolf Schneider: *Der Mensch*, Rowohlt Verlag, Reinbek 2008

Aufsätze

»Älter als die Dinosaurier?«, *scinexx – Das Wissens-magazin*, 9.10.2006

»Auf die Knie«, *Spiegel*, Nr. 21/1991

»Biologists Discover ›Death Stench‹ Is A Universal Ancient Warning Signal«, McMaster University, Hamilton, Kanada , 11.9.2009

»Chinesische Forscher wollen Aids mit Kakerlaken bekämpfen«, *Agence France Press*, 7.2.2001

»Cockroaches Prefer to Dine Together«, Livescience, 10.6.2010, *TechMediaNetwork*, New York

»Cockroaches Tickle Indian Palate«, *The Journal of Turkish Weekly*, Ankara, 10.2.2005

»Commuters Share Trains with 1000 Cockroaches, 200 Bedbugs and 200 Fleas«, *London Evening Standard*, 3.3.2010

»Creepy Crawly Cockroach Ancestor Revealed in New 3D Model«, Imperial College London, 14.4.2010

»Das Gehirn«, *Spektrum der Wissenschaft*, 15.12.2009, Verlagsgesellschaft, Heidelberg

»Das Wunder der Evolution«, *P. M. Perspektive* Nr. 2/1996

»Der Marionettenspieler«, *Gehirn & Geist, Basiswissen*, Teil 2

»Der Siegeszug der Küchenschabe«, *taz*, 27.9.1997

»Die Armee der Unbesiegbaren«, *P.M. Magazin*, Nr. 9/1997

»Die Deutsche Kakerlake« (Karl Kockrotsch, Ronald

Rippchen), *Werner Pieper's MedienXperimente*, Lör-
bach

»Die Viecher sind überall«, *Stern* Nr. 23/1993

»Ekel auf sechs Beinen«, *ZEIT Magazin*, Nr. 9/1992

»Elektrische Kakerlake«, www.dradio.de, 18.1.2010,
Deutschlandfunk, Köln

»Erste ›kosmische‹ Kakerlaken in Woronesch zur Welt
gekommen«, *RIA novosti online*, 23.10.2007

»Evolution«, *GEO kompakt*, Nr. 23/2010

»Forscher bringen Kakerlaken ins Stolpern«, *Focus online*,
15.10.2009

»German Cockroach Males Maximize Their Inclusive
Fitness by Avoiding Mating Kin«, Mathieu Lihoreau
(Centre National de la Recherche, Université de
Rennes), Colette Rivault (Research Centre for Psy-
chology, School of Biological and Chemical Science,
Queen Mary University of London)

»Guangdong Steps Up Hygiene in SARS Battle«,
XINHUA online, 1.9.2004

»Hey! Where Have All The Cockroaches Gone?«, *New
York Observer*, 4.8.2008

»High noon für lebende Fossilien«, *scinexx – Das Wissensmagazin*, 10.12.2004

»Hormon härtet Insektenpanzer«, *Spiegel online*, 12.7.2004

»Insect Brains ›Are Source of Antibiotics‹ to fight
MRSA«, *BBC online*, 6.9.2010

»Insekten: Seltener atmen ist gesünder«, *scinexx – Das
Wissensmagazin*, 9.2.2005

»Insektenbefall: Kakerlaken im Hotelzimmer können

Reisepreis mindern«, Aktenzeichen 16 C 89/04, Amtsgericht Baden-Baden, 2006

»Insektenhirne produzieren Waffen gegen Keime«, *Spiegel online*, 7.9.2010

»Kakerlake auf Sendung«, *Süddeutsche Zeitung*, 22.2.2008

»Kakerlaken im Traum«, *Didymos Lexikon der Traum-symbole*, Freeware, Internet

»Kakerlaken könnten SARS verbreitet haben«, *Han-delsblatt*, 8.4.2003

»Kakerlaken sabbern auf Kommando«, *Spiegel online*, 14.6.2007

»Kakerlaken sind früh schlecht drauf«, *Spiegel online*, 29.9.2007

»Kakerlaken verblüffen Wissenschaftler«, *www.short news.de*, 27.7.2010

»Kakerlaken-Alarm in der Moskauer U-Bahn«, *Russland Aktuell*, 12.7.2005

»Kakerlaken-Invasion auf Capri«, *Die Welt*, 22.7.2004

»Lebende Fossilien«, scinexx – *Das Wissensmagazin*, 13.7.2010

»Led by Robots, Roaches Abandon Instincts«, *New York Times*, 16.11.2007

»Madagascan Giant Hissing Roaches«, *Carolina Biolo-gical Supply Company*, Burlington

»Mal andere Gesichter sehen«, *brand eins*, Nr. 8/2010

»May Berenbaum«, *Die Zeit*, Nr. 8/1997

»Menschen, Tiere, Aversionen«, *Süddeutsche Zeitung*, 12.4.2002

»Mord auf Bestellung«, *Die Weltwoche*, Nr. 42/1999

»Number of Cockroaches«, *The Physics Factbook. An Encyclopedia of Scientific Essays* (Glenn Elert, hypertextbook.com)

»Olga rennt«, *Tagesspiegel* Nr. 17/2001

»Roboter Creates Order From Chaos«, *Nature*, 17.10.2010

»Roboter manipuliert Kakerlake«, ETH Life – Wissen was läuft, Eidgenössische Technische Hochschule Zürich

»Schaben sind für die deutschen Allergologen kein Thema – noch nicht?«, *www.curado.de*, 17.8.2008

»Schabenfreude«, *Die Woche*, Nr. 4/2001

»Schabernack mit Schaben«, *stern online*, 7.9.2006

»Schicke Schaben«, *Zeit Wissen*, Nr. 4/2006

»Schreck in der Abendstunde«, *Geo*, Nr. 2/1992

»Sexhungrige Kakerlaken tappen in tödliche Falle«, *innovations report, Forum für Wissenschaft, Industrie und Wirtschaft*, 21.2.2009

»Stirb schneller, Schädling!«, *Focus online*, 28.2.2000

»The Cockroach FAQ« (Joseph G. Kunkel), *Joe Kunkel's Web Page*, Morill Science Center, University of Massachuchetts Amherst, USA

»The Roach That Failed«, *New York Times Magazin*, Nr. 52 921, 26.7.2004

»Unter Kakerlaken«, Die Zeit, Nr. 5/2007

»Vechta kämpft gegen Millionen Kakerlaken«, *Spiegel online*, 25.5.2005

»Vollautomatische Küchenschaben mit einem Sinn für

Gemeinschaft«, *Frankfurter Allgemeine Zeitung*, Nr. 277/2007

»Wenn Küchenschaben verzweifeln«, *scinexx – Das Wissensmagazin*, 24.8.2007

»Wespen besitzen Hirndetektor am Stachel«, *www.rp-online.de*, 13.8.2004

lexikon-der-schaedlinge.de, MultiClean, Karlsruhe

www.newsatelier.de, Walter Döbler, Ottersweier

Danksagung

Mein besonderer Dank gilt Dr. Erik Schmolz, Biologe am Umweltbundesamt in Berlin, der mich in die faszinierende Welt der Kakerlaken eingeführt hat. Sein Wissen und seine Bereitschaft, dieses Wissen mit mir zu teilen, waren mir eine große Hilfe.

Unterstützt und ermuntert haben mich außerdem der Kriminalbiologe Dr. Mark Benecke und Ingo Fritzsche, Chefredakteur der *Cockroach Studies*. Claudia Bodin hat mir bei meinen Recherchen in New York einmal mehr viele wichtige Türen geöffnet.

Warum Langschläfer die besseren Menschen sind

Bettina Hennig

DER FRÜHE VOGEL KANN MICH MAL!

Ein Lob der Langschläfer

ISBN 978-3-548-37353-9
www.ullstein-buchverlage.de

Drehen Sie sich morgens gern noch mal im Bett um, statt jauchzend unter die Dusche zu springen? Laufen Sie erst nachmittags zur Höchstform auf? Dann gehören Sie zu den »Eulen« – den Langschläfern, die seit jeher von den frühaktiven »Lerchen« tyrannisiert werden: mit morgendlichen Sprech- und Arbeitszeiten, grausam-fröhlichen Frühstückssendungen und Prüfungen in aller Herrgottsfrüh. Es reicht! Bettina Hennig zeigt, warum Eulen die besseren und netteren, da ausgeschlafeneren Menschen sind und man so lange im Bett bleiben sollte, wie man will!

US354